C. Stanley Ogilvy

Unterhaltsame Geometrie

Mit 132 Bildern

» vieweg

Titel der Orginalausgabe
Excursions in Geometry

erschienen im Verlag
Oxford University Press, NY

Übersetzung: *Klaus Wigand*
Verlagsredaktion: *Alfred Schubert*

1976

Satz: Friedr. Vieweg + Sohn, Braunschweig

Umschlaggestaltung: Peter Morys, Wolfenbüttel

ISBN 978-3-663-00105-8 ISBN 978-3-663-00104-1 (eBook)

DOI 10.1007/978-3-663-00104-1

Vorwort zur deutschen Übersetzung

Der Vieweg-Verlag hat dankenswerter Weise bereits zahlreiche Bücher herausgebracht, deren Ziele die Verbreitung und Verständlichmachung mathematischen Wissens sind. Dazu zählt auch dieses Buch. Stofflich baut es auf den mathematischen Kenntnissen aus der Mittelstufe der Höheren Schule auf, die in ihren anregenden Teilen weiter ausgebaut werden. Dies führt rasch von den dem Laien bekannten alten Problemen zu neuen noch ungelösten Problemen, über die nachzudenken sich auch für den erfahrenen Mathematiker lohnen würde. So werden viele Leser diese Geometrie als schön empfinden, die einen, weil sie in dieser leicht lesbaren Darstellung eine gute Zusammenschau der ihnen bekannten Geometrie erleben, die anderen, weil sie Probleme finden, die sie zu fruchtbarer Eigentätigkeit anregen. In diesem Sinne hoffe ich mit dem englischen Autor, daß dieses Buch auch ein wenig zur Wiedererweckung der Geometrie beitragen möge.

Klaus Wigand

Krefeld, im August 1975

Inhalt

Einleitung

Was ist Geometrie? Eine junge Dame, so gefragt, antwortet ohne Zögern: „Oh, das ist das, wo etwas bewiesen wird." Gedrängt, ein Beispiel für so ein zu beweisendes Etwas zu geben, mußte sie passen. Auch war ihr entgangen, warum es eine gute Sache war, etwas zu beweisen. Die Reaktion der Dame ist typisch für viele Menschen, die meinen, auf der Schule Geometrie gelernt zu haben. Sie vergessen alle die Hauptsache und vergegenwärtigen sich nicht, warum dieser Stoff durchgenommen worden ist.

Das Vergessen der Sätze ist keine Tragödie. Wir vergessen vieles von dem, was wir während unserer Schulzeit lernten – oder sollte ich sagen, was uns dort begegnete? Nichtsdestoweniger ist es bedauerlich, wenn ein ganzer Unterricht so langweilig ist, daß es nicht gelingt, irgendetwas daraus in dem Gedächtnis der Schüler einzuprägen. Zugegeben, die traditionelle Geometrie war selbst an diesem Mangel schuld (und ist es noch). Und warum wurde sie gelehrt? Weil man meinte, dem jungen Menschen ein einheitliches logisches System auf einem ihm gemäßen Niveau bieten zu müssen. Vermutlich erreichten einige Schüler das gewünschte Ziel, aber viele andere wurden so durch die Einzelheiten abgelenkt, daß sie den Blick für die Hauptsache verloren.

Die „neue Mathematik", die jetzt in den Schulen eingeführt wurde, hat viel getan, um diesen Mängeln abzuhelfen. Es wird weniger Zeit auf komplizierte Einzelheiten der Euklid-Geometrie (insbesondere der Stereometrie) verwendet und mehr auf Herausarbeitung der Idee eines geometrischen Systems. Andere einfachere logische Systeme werden dem Schüler gezeigt, um ihm eine Vorstellung davon zu vermitteln, wie ein kleiner Wald aussieht, ohne sich darin vor Bäumen zu verirren.

Dieses Buch berührt diese unterrichtlichen Fragen nicht. Es ist kein Lehrbuch. Es ist für Leser gedacht, die Geometrie lieben (und selbst für einige, die sie nicht mögen) und sich dabei des Fehlens eines geistigen Anreizes bewußt wurden und fragten, was eigenlich fehle, oder die fühlten, daß das Spiel gerade dort endete, wo es interessant zu werden begann.

Die Sätze der klassischen Elementargeometrie sind beinahe alle so offenkundig, als daß sie verdienen, ihretwegen allein betrachtet zu werden. Ihre Bedeutung liegt in der Rolle, die sie in der Kette der logischen Schlüsse spielen. Es ist bedauerlich, daß im Rahmen des traditionellen Geometrieunterrichts so wenig nichttriviale Sätze bewiesen werden können, während so viele ansprechend gute „um die Ecke herum" liegen, dem Blick des jungen Lernenden verborgen. Meine Absicht ist es, einige von ihnen vorzustellen, um das Interesse des Lesers wieder zu gewinnen oder zu erwecken, in der Hoffnung, daß er die Geometrie nicht so trostlos finden möge, wie er vielleicht gedacht hat.

Der Stoff dieses Buches ist nicht neu. Viel von ihm, obgleich sicherlich den Griechen unbekannt, ist seit einer Reihe von Jahren geläufig. Warum aber ist er dann nicht zugängig gemacht worden? Wenn in der Unter- und Mittelstufe der Schulen keine Zeit dazu war, warum dann nicht in den oberen Klassen? Weil Sie zu spät – oder zu früh – geboren sind: zu spät, um die Welle der Begeisterung für die Geometrie zu erleben, die durch die Mathematik des 19. Jahrhunderts hindurchschwang, als viele dieser Dinge entdeckt wurden; zu früh, um die „Wiedererweckung der Geometrie" zu erleben, die jetzt in vielen Schulen und Universitäten um sich greift. Was fortgeschrittene Elementargeometrie genannt werden könnte, verlor während der ersten Hälfte des 20. Jahrhunderts an Gunst, wahrscheinlich hinausgedrängt durch die Fülle anderer Unterrichtsgegenstände, die im Lehrplan einen Platz beanspruchten.

Die Frage „Was ist Geometrie?" hat viele Antworten. Es gibt verschiedene Arten von Geometrie: Grundlagen, Topologie, Nichteuklidische Geometrie, n-dimensionale Geometrie usw. Wir werden uns nicht verleiten lassen, diese zu untersuchen. Unser Ziel wird weit bescheidener sein: Wir wollen einen Blick in leicht zugängliche Gebiete werfen, die keinen gewaltigen Apparat an Definitionen und Abstraktionen erfordern. Wir werden weitgehend die dem Leser schon vertraute Geometrie benutzen: die vorkommenden Geraden und Punkte werden mit wenigen Ausnahmen die „üblichen" Geraden und Punkte der „üblichen" Geometrie sein. Wir werden nur auf den Stoff zurückgreifen, der im klassischen Sinn selbstverständlich oder leicht zu beweisen ist. Unsere Postulate und Axiome werden – wenn nichts anderes gesagt ist – die der Euklidischen Schulgeometrie sein und unsere Werkzeuge das Lineal, der Zirkel und ein wenig Nachdenken.

Dieses Vorgehen wird dem Berufsmathematiker nicht gefallen. Er muß notwendigerweise von einer Menge von Annahmen ausgehen und *alles* andere daraus herleiten. Kein wirklicher Mathematiker darf einen anderen Weg gehen. Aber das ist vielleicht gerade das Übel in unserem Schulunterricht gewesen: Er war zu formal, zu kalt und dürftig und daher ohne Leben und auch nicht belebend. Um diesem Übel zu begegnen, wollen wir die Mathematiker um Verzeihung bitten, im übrigen aber Formalitäten überspringen und unser Glück versuchen.

Natürlich werden wir Beweise führen. Es hat keinen Zweck zu behaupten, daß etwas so ist, ohne anzugeben, wieso es so ist. Unsere Beweise stützen sich großzügig auf Figuren. Das Buch ist voll von ihnen und wir müssen uns am Anfang über die Rolle verständigen, die sie zu spielen haben.

Haben Sie jemals einen Punkt gesehen? Vielleicht werden Sie zugeben, daß das nicht der Fall ist. Ein Punkt hat keine Ausdehnung, und „es gibt daher nichts, was man sehen könnte". Aber wie ist es mit einem Kreis? Sie werden nicht bereitwillig zugestehen, daß Sie niemals einen Kreis gesehen haben, und doch trifft dies absolut zu. Ein Kreis ist definiert als die Menge aller Punkte in einer Ebene, die von einem festen Punkt die gleiche Entfernung haben. Wir haben seine Unsichtbarkeit bereits garantiert: Hat ein Punkt keine Ausdehnung, hat auch eine „Reihe" von Punkten keine Ausdehnung, und da ist dann auch weiterhin nichts zu sehen. Was Sie *sehen*, wenn Sie mit dem Zirkel einen Kreis ziehen, ist nur ein Versuch, das Bild eines Kreises zu zeichnen, dazu noch ein schwacher Versuch. Es ist kein Kreis, weil (1) er nicht aus Punkten entlang einer Linie besteht; die behauptete „Linie" hat eine Breite. (2) Selbst wenn die Linie (oder besser ihr Bild) mikroskopisch dünn gemacht würde, würden genaue Messungen ungleiche Entfernungen vom Mittelpunkt ergeben – in der Annahme, daß der „Mittelpunkt" in irgendeiner Weise festgelegt werden könnte, was nicht möglich ist. (3) Der behauptete Kreis liegt nicht in einer Ebene; ein Stück Papier ist weit davon entfernt, eine wirkliche geometrische Ebene zu sein. (4) Und selbst wenn das Papier eine Ebene wäre, so hätte der auf das Papier aufgetragene Strich eine gewisse Dicke, usw.

Haben Sie jemals irgendeine geometrische Figur gesehen? Gewiß nicht. Sie sind so definiert, daß sie niemals physikalische oder greifbare Existenz haben können. Es ist eine Leistung unserer Vorstellungskraft, daß wir mit Überzeugung von Punkten und Linien sprechen können, obwohl niemand von uns diese jemals gesehen hat. Wenn ich von einer „Geraden" spreche, so haben Sie keine Schwierigkeit, sich darunter genau das vorzustellen, was ich damit meine. In diesem inneren Bereich der geistigen Vorstellungen hat die Geometrie ihren Platz, nicht auf dem Papier. Man muß sich vor dem Gedanken hüten, daß die „Zeichnung etwas beweist". Der Augenschein trügt oft. Die Zeichnungen sind nur nützliche Hilfsmittel, um Dinge darzustellen, die (wenigstens theoretisch) ohne sie festgestellt und bewiesen werden können. Sie sind jedoch beim Klären unserer Gedanken so nützlich, daß nur die abstraktesten reinen Mathematiker versuchen, ganz auf sie zu verzichten.

Der abstrakte Charakter der Geometrie wurde wenigstens teilweise von den Griechen verstanden und geschätzt. Aus diesem Grunde waren Zirkel und Lineal die einzigen „zugelassenen Geräte" der klassischen Geometrie. Man betrachte das Problem der Dreiteilung des Winkels, das mit diesen Zeichengeräten allein nicht lösbar ist. Warum keinen Winkelmesser nehmen? Winkel messen, Anzahl der gemessenen Grade durch drei teilen, und fertig sind wir! Aber wo kommen wir da hin? Diese oberflächliche Lösung zerstört unser Gefühl für das, was in der geometrischen Gesellschaft sozusagen annehmbar und sauber ist. Es ist die bloße Reinheit von Zirkel und Lineal, die so gut der Reinheit (der Abstraktion) des Stoffes angepaßt ist. Wenn Ihre Empfindungen durch die Idee eines Winkelmessens in Grad, Minuten und Sekunden verletzt wird, dann haben Sie bereits einen großen Schritt in die Geometrie getan.

Es sei noch erwähnt, daß die Anmerkungen am Schluß des Buches nicht nur Quellen, sondern auch andere Hinweise enthalten. Sie sind als ein laufender Begleittext anzusehen, der gelegentlich über schwierige Stellen hinweghilft. Er ist von Zeit zu Zeit daraufhin nachzuschlagen, ob dort etwas steht, das vermißt wird.

Sind Sie nun für die geometrischen Kostenproben bereit? Dann mal los!

1. Etwas aus den Grundlagen

1.1. Ein praktisches Problem

Der Besitzer eines Autokinos weiß aus Erfahrung, daß der günstigste Blickwinkel, mit dem ein Zuschauer die Leinwand sieht, der Winkel θ (theta) ist. Aber nur ein Zuschauer kann den bevorzugten Platz V genau in Front der Leinwand einnehmen (Bild 1). Nun interessiert sich der Besitzer für andere Plätze U, von denen aus die Leinwand unter dem gleichen Winkel θ erscheint.

Die Antwort lautet: Die Ortslinie für diese Punkte ist der Kreis durch die drei Punkte A, B, V. Es gilt nämlich der Satz:

Satz 1: In einem Kreis ist ein Randwinkel halb so groß wie der Mittelpunktswinkel über dem gleichen Bogen.

Da $\sphericalangle$ AUB über demselben Bogen wie $\sphericalangle$ AVB liegt, ist der Randwinkel bei U gleich dem Randwinkel bei V. Ein Beweis dieses Satzes findet sich für den Fall, daß er vergessen worden ist, in den Anmerkungen.

Eine typische Extremwertaufgabe der Differentialrechnung ist die folgende: Welches Dreieck von allen Dreiecken mit gleicher Grundseite und gleichem Winkel an der Spitze hat den größten Flächeninhalt?

Hier können wir der Differentialrechnung die Show stehlen und mit Hilfe des Satzes 1 das Problem mit einem Schlage lösen. Ist nämlich $\overline{AB}$ die Grundseite und θ der gegebene Winkel an der Spitze, dann liegen alle derartigen Dreiecke mit der Spitze auf dem Kreis des Bildes 1 (das man sich für diese Überlegung besser um 180° gedreht denkt). Es gilt

$$\text{Fläche} = \tfrac{1}{2} \times \text{Grundseite} \times \text{Höhe}.$$

Die Hälfte der Grundseite ist konstant. Die Höhe und damit auch die Fläche ist für das Dreieck AVB am größten, d. h. wenn das Dreieck gleichschenklig ist.

Bereits der Ansatz dieses Problems ist in der Differentialrechnung mühselig und danach sind noch einige Zeilen nicht ganz einfacher Rechnung zur Lösung nötig.

Aus Satz 1 folgt der nützliche Zusatz (Satz des Thales!), daß der Winkel über einem Halbkreis ein rechter Winkel ist (nämlich die Hälfte des zugehörigen 180°-Winkels). Wenn wir irgendwie zeigen können, daß ein Winkel ACB (Bild 2) ein rechter Winkel ist, dann wissen

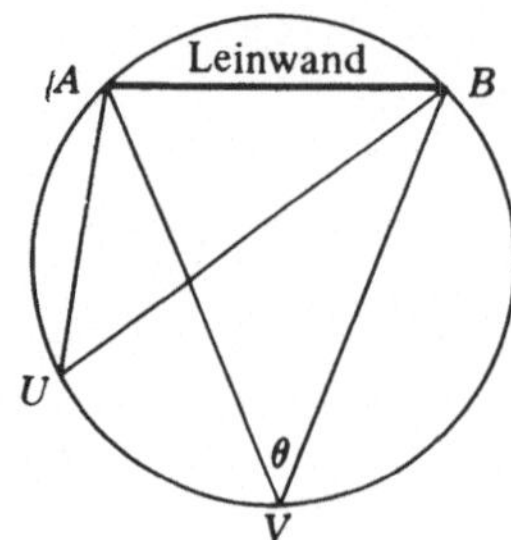

Bild 1

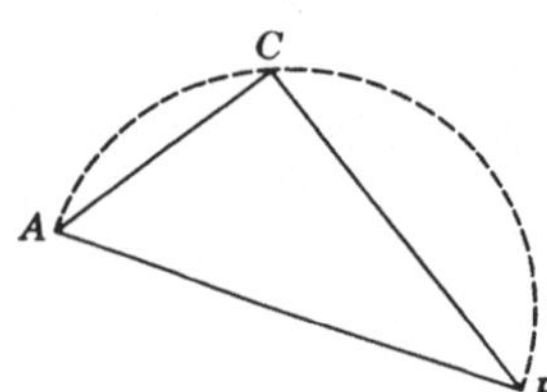

Bild 2

wir, daß der Halbkreis über $\overline{AB}$ als Durchmesser durch C verlaufen muß. Dies stellt die Umkehrung des Zusatzes dar.

1.2. Ein grundlegender Satz

Zwei Sehnen oder Sekanten eines Kreises mögen sich unter irgendeinem Winkel schneiden. Was kann dann über die auf ihnen entstehenden Abschnitte ausgesagt werde? Diese Angaben scheinen für einen Satz nicht auszureichen, und doch läßt sich bei diesen dürftigen Voraussetzungen ein wichtiger und weitreichender Satz formulieren:

Satz 2: Bei zwei sich schneidenden Sehnen (oder Sekanten) eines Kreises ist das Produkt der Abschnitte auf der einen Sehne (Sekante) gleich dem Produkt der Abschnitte auf der anderen Sehne (Sekante).

In Bild 3a bedeutet dies

$$\overline{PA} \cdot \overline{PB} = \overline{PC} \cdot \overline{PD}.$$

(Der Punkt bedeutet Multiplikation.) Was meinen wir aber, wenn wir von dem Produkt von zwei Strecken sprechen? (Es gibt einen Weg, mit Zirkel und Lineal das Produkt von zwei Strecken zu bilden, aber damit wollen wir uns nicht beschäftigen.) In dem Satz ist mit dem Produkt von Abschnitten bzw. Strecken das Produkt ihrer entsprechenden *Längen* gemeint. Wenn wir also in einer Gleichung Strecken wie $\overline{PA}$ verwenden, so sind damit ihre Längen gemeint. (Obwohl wir uns bald mit dem Gedanken einer „negativen Länge" befassen müssen, unterscheiden wir im Augenblick noch nicht zwischen der Länge von $\overline{PA}$ und der Länge von $\overline{AP}$: Ihnen ist dieselbe positive Zahl zugeordnet.)

Die Griechen machten sich viele Mühe damit, die verschiedenen „Fälle" jedes Satzes aufzuzählen. Heute ziehen wir es vor, alle unterschiedlichen Varianten in einem umfassenden Satz zusammen zu behandeln. In Bild 3a schneiden sich die Sehnen im Inneren des Kreises, in Bild 3b außerhalb und in Bild 3c ist eine Sekante zur Tangente geworden. Der Satz 2 gilt in allen drei Fällen. Die Beweise ähneln sich so sehr, daß ein Beweis dem Wesen nach für alle Fälle gilt.

Der Leser wird einwenden, daß sich in Bild 3b die Sehnen überhaupt nicht schneiden Das tun sie erst, wenn sie verlängert werden, und in diesem Buch werden wir sagen, daß eine Linie eine zweite schneidet, auch wenn sie deren *Verlängerung* schneidet. Dies ist eine heute ganz allgemein übliche Ausdrucksweise, die etwas großzügig ist und von der uns gewohnten leicht abweicht. In Bild 3a teilt P die Sehne $\overline{AB}$ *innen*; in dem Sinne sagen wir auch, daß in Bild 3b der Punkt P die Sehne (Sekante) *außen* teilt, und reden weiterhin von den Abschnitten $\overline{PA}$ und $\overline{PB}$.

Zum Beweis ziehen wir zwei Hilfslinien (Bild 3a). In der gleichen Weise kann man in Bild 3b und Bild 3c die analogen Hilfslinien ziehen. Beim Vergleich der Beweise, Buchstabe für Buchstabe, zeigt es sich, wie wenig Änderungen in den einzelnen Fällen nötig sind. In Bild 3a ist $\sphericalangle 1 = \sphericalangle 2$, weil sie denselben Kreisbogen (Satz 1) einschließen, und

$\measuredangle 3 = \measuredangle 4$ (warum?). Infolgedessen sind die Dreiecke PCA und PBD ähnlich und daher ihre Seitenverhältnisse gleich:

$$\frac{\overline{PA}}{\overline{PD}} = \frac{\overline{PC}}{\overline{PB}}$$

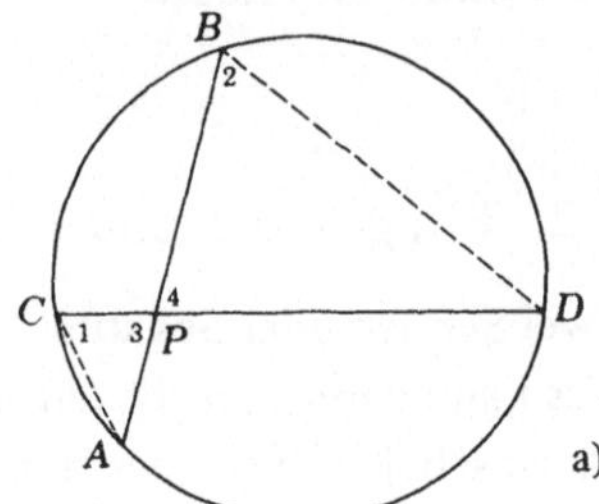

oder

$$\overline{PA}\;\overline{PB} = \overline{PC}\;\overline{PD}$$

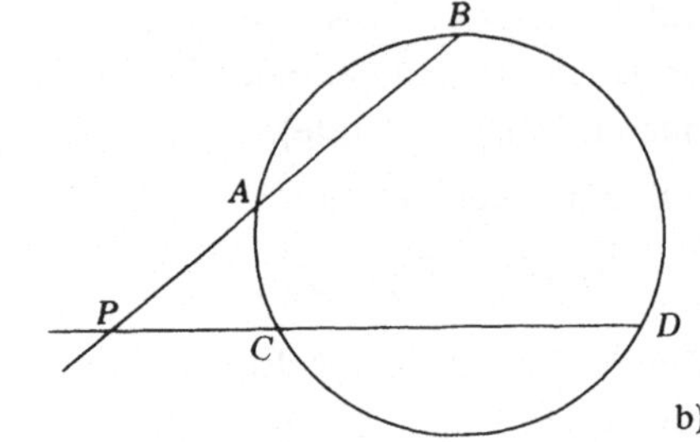

Bild 3

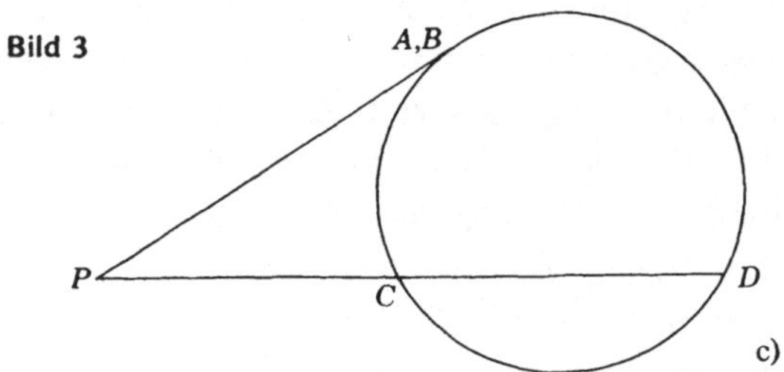

1.3. Mittelwerte

Der Mittelwert zweier Längen (oder Zahlen) heißt ihr *arithmetisches Mittel.*

$$\frac{1}{2}(a + b)$$

ist das arithmetische Mittel von a und b. Das *geometrische Mittel* ist die Quadratwurzel aus ihrem Produkt:

$$\sqrt{a \cdot b}.$$

Das arithmetische Mittel von 8 und 2 ist 5, das geometrische Mittel ist 4.

Das geometrische Mittel zweier positiver Zahlen ist algebraisch durch Auflösen der Gleichung

$$a : x = x : b$$

bzw.

$$x^2 = a \cdot b$$

zu finden. Aus diesem Grunde heißt das geometrische Mittel auch die *mittlere Proportionale* zu a und b.

Kann man diese Mittelwerte mit Zirkel und Lineal konstruieren? Für das arithmetische Mittel ist es sehr einfach. Die beiden Strecken werden aneinander gelegt und die Gesamtstrecke halbiert. Ein Verfahren zur Bestimmung des geometrischen Mittels wird durch die Gleichung

$$\frac{\overline{AB}}{x} = \frac{x}{\overline{BC}}$$

nahegelegt. Wir nehmen $\overline{AB} + \overline{BC}$ als Durchmesser, ziehen den Kreis darüber und errichten in B auf dem Durchmesser die Senkrechte (Bild 4). Diese Sehne wird durch den Durchmesser halbiert und wir erkennen einen Sonderfall von Satz 2, in dem

$$x \cdot x = \overline{AB} \cdot \overline{BC}$$

ist, d. h., x ist die mittlere Proportionale zu $\overline{AB}$ und $\overline{BC}$. In der Praxis kommt man mit der Hälfte des Bildes aus (Bild 5).

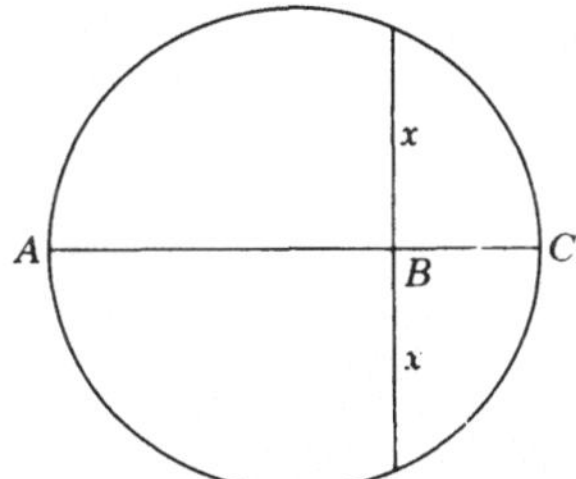

Bild 4

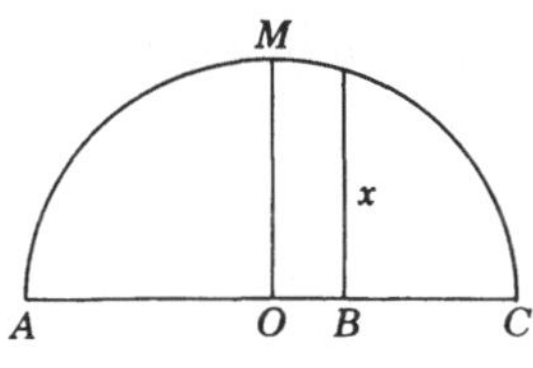

Bild 5

Die Mittelsenkrechte $\overline{MO}$ auf $\overline{AC}$ ist in dem Halbkreis zugleich die längste Senkrechte auf dem Durchmesser und gleich dem Radius.

$$\frac{1}{2}\,\overline{AC} = \frac{1}{2}\,(\overline{AB} + \overline{BC}).$$

Das liefert den

Satz 3: Das geometrische Mittel zweier verschiedener positiver Zahlen ist stets kleiner als ihr arithmetisches Mittel.

Warum benötigen wir nicht das Wort „ungleich"? Wir bringen nun den Satz 2 auf eine dem Bild 3c angepaßte Form, die uns vielleicht vertrauter vorkommt:

Satz 4: Werden von einem Punkt außerhalb eines Kreises eine Tangente an den Kreis und eine Sekante gezogen, so ist die Tangente gleich der mittleren Proportionalen aus der ganzen Sekante und ihrem äußeren Abschnitt.

Die beiden Abschnitte $\overline{PA}$ und $\overline{PB}$ einer Sekante werden gleich, wenn die Sekante sich der Grenzlage der Tangente nähert, wobei schließlich A und B zusammenfallen. Wen dies stört, der lese den Beweis in den Anmerkungen nach, der von einem Grenzprozeß völlig frei ist.

In Bild 6 gilt mit $t = \overline{OT}$

$$t^2 = \overline{OC} \cdot \overline{OD}$$

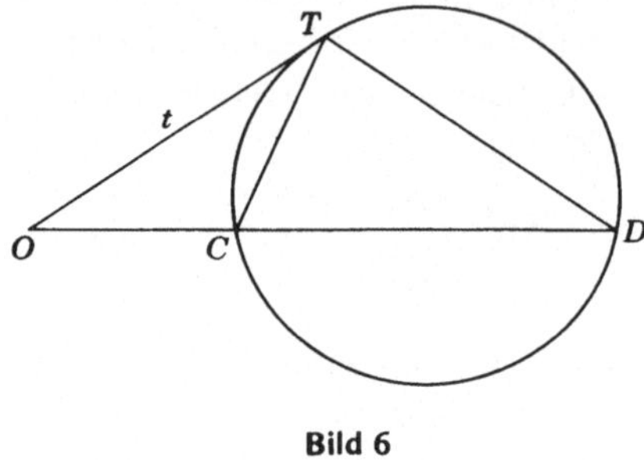

Bild 6

genau dann, wenn t Tangente ist. Die Bezeichnungen wurden mit Rücksicht auf die des nächsten Kapitels gewählt.

Der Leser wird zugestehen, daß bisher nichts Schwieriges behandelt worden ist. Umso erstaunter wird er bald über das Gerüst sein, das wir auf dieser schmalen, aber festen Grundlage aufbauen werden. Wir sind nun bereit, etwas Geometrie zu betrachten, wie sie dem Leser nicht in der Schule gelehrt worden ist.

2. Harmonische Teilung und Apollonios-Kreise

2.1. Konjugierte harmonische Punkte

Ist es möglich, eine Strecke innen und außen im gleichen Verhältnis zu teilen? Gibt es in Bild 7 zwei Punkte C und D, so daß

$$\frac{\overline{AC}}{\overline{CB}} = \frac{\overline{AD}}{\overline{BD}}\ ?$$

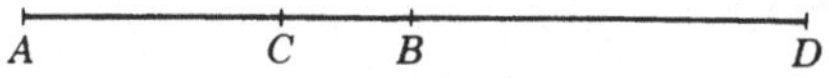

Bild 7

Die Antwort ist: Ja! Man sagt dann, daß C und D die Strecke $\overline{AB}$ *harmonisch* teilen.

Es gibt in der Tat unendlich viele Lösungen des Problems. Für irgendeinen Punkt C zwischen A und B gibt es einen bestimmten Punkt D, der diese Bedingung erfüllt. Damit ist zugleich gesagt, daß sich stets zwei Punkte finden lassen, die die Strecke in irgendeinem gegebenen Verhältnis harmonisch teilen.

Teilen C und D die Strecke $\overline{AB}$ harmonisch, so folgt aus der letzten Gleichung

$$\overline{AC} \cdot \overline{BD} = \overline{CB} \cdot \overline{AD}.$$

Werden beide Seiten durch $\overline{BD} \cdot \overline{AD}$ dividiert, so wird daraus

$$\frac{\overline{CB}}{\overline{BD}} = \frac{\overline{AC}}{\overline{AD}}.$$

Diese Gleichung ergibt den

Satz 5: Wird $\overline{AB}$ durch C und D harmonisch geteilt, so wird auch $\overline{CD}$ durch A und B harmonisch geteilt.

Die Punkte C und D heißen *harmonisch konjugiert* in bezug auf die Punkte A und B.

2.2. Der Apollonios-Kreis

Es seien nun zwei Punkte C und D gesucht, die $\overline{AB}$ harmonisch in dem gegebenen Verhältnis k teilen.

Der griechische Mathematiker *Apollonios* entdeckte, daß der Kreis in ganz anderer als der üblichen Weise, „Menge der Punkte, die von einem festen Punkt gleiche Entfernung haben“, definiert werden kann. *Apollonios* Definition beruht darauf, daß ein Punkt einen Kreis beschreibt, wenn er sich so bewegt, daß seine Entfernung von einem festen Punkt ein Vielfaches seiner Entfernung von einem anderen festen Punkt ist. Der Beweis sieht so aus:

Es seien A und B zwei feste Punkte. Der bewegliche Punkt P kann irgendwo liegen, nur muß $\overline{AP} = k \cdot \overline{BP}$ sein, wobei k eine positive Zahl außer vorläufig 1 ist. k kann also kleiner oder größer als 1 sein.

Sind die Punkte A, B und eine Zahl k gegeben, so lassen sich immer passende Punkte P, wenn auch vielleicht erst nach ein oder zwei Ansätzen, finden. Um B wird ein Kreis mit irgendeinem Radius gezogen, sodann um A mit dem k-fachen dieses Radius ein zweiter Kreis. Schneiden sich die Kreise, so ist dieser Schnittpunkt ein derartiger Punkt P; schneiden sie sich nicht, so ist diese Konstruktion mit etwas größeren Radien zu wiederholen. Dieses Probierverfahren ist nicht das beste, um eine Strecke harmonisch zu teilen. Wir werden gleich eine bessere Methode beschreiben.

Nehmen wir an, daß wir einen solchen Punkt P gegeben oder wie eben konstruiert haben, so daß

$$\frac{\overline{AP}}{\overline{BP}} = k.$$

Bild 8

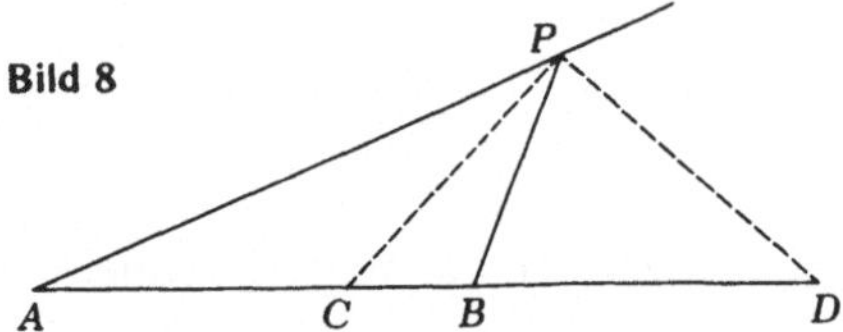

Wir zeichnen nun in das Dreieck APB (Bild 8) die Halbierende $\overline{PC}$ des Innenwinkels und die Halbierende $\overline{PD}$ des Außenwinkels bei P ein. Aus der Elementargeometrie kennen wir den

Satz 6: In einem Dreieck teilt eine Winkelhalbierende die Gegenseite im Verhältnis der beiden anliegenden Seiten.

$$\frac{\overline{AC}}{\overline{CB}} = \frac{\overline{AP}}{\overline{BP}} = k \tag{1}$$

Dies gilt auch für die Halbierende eines Außenwinkels:

$$\frac{\overline{AD}}{\overline{BD}} = \frac{\overline{AP}}{\overline{BP}} = k \tag{2}$$

Aus (1) und (2) folgt

$$\frac{\overline{AC}}{\overline{CB}} = \frac{\overline{AD}}{\overline{BD}} = k. \tag{3}$$

Damit ist unser Problem gelöst: Wir haben die Strecke $\overline{AB}$ harmonisch im Verhältnis k geteilt.

Weil wir den Satz 6, insbesondere die Gleichung (2), halb aus der Luft gegriffen haben, wollen wir ihn beweisen. In Bild 9 ist nach Konstruktion ∡ 1 = ∡ 3 und ∡ 2 = ∡ 4. Durch Addieren folgt daraus ∡ 1 + ∡ 2 = ∡ 3 + ∡ 4. Da aber alle Winkel zusammen 180° betragen so ist ∡ 1 + ∡ 2 = 90°, also ein rechter Winkel. Wir ziehen $\overline{BE}$ parallel zu $\overline{CP}$ (und daher senkrecht zu $\overline{PD}$). Die beiden rechten Winkel PFE und PFB sind kongruent (warum?), und es ist $\overline{PE} = \overline{PB}$. Außerdem schneiden die beiden Parallelen folgende verhältnisgleiche Strecken ab:

$$\frac{\overline{AC}}{\overline{CB}} = \frac{\overline{AP}}{\overline{PE}} = \frac{\overline{AP}}{\overline{BP}}. \tag{1}$$

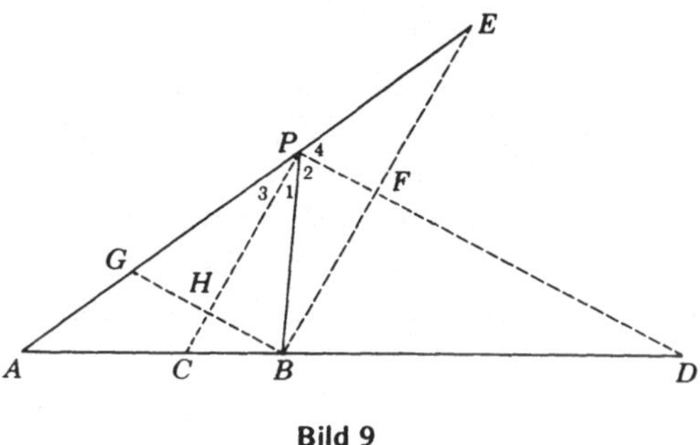

Bild 9

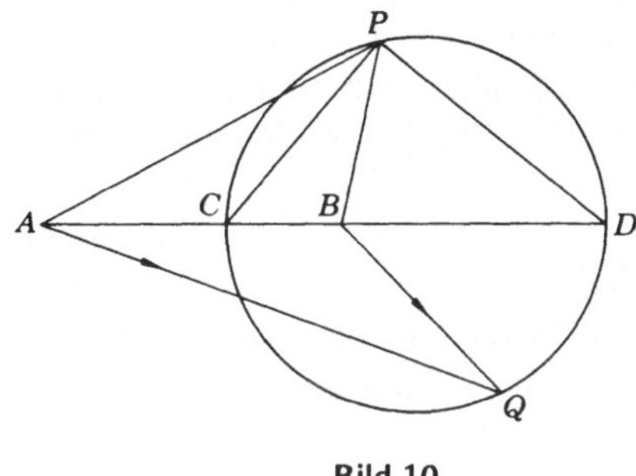

Bild 10

Entsprechend läuft der Beweis von

$$\frac{\overline{AD}}{\overline{BD}} = \frac{\overline{AP}}{\overline{GP}} = \frac{\overline{AP}}{\overline{BP}}. \qquad (2)$$

Druch Kombinationen von (1) und (2) erhalten wir

$$\frac{\overline{AC}}{\overline{CB}} = \frac{\overline{AD}}{\overline{BD}} = k \qquad (3).$$

An der Gleichung (3) erkennen wir, daß diese *unabhängig von der Lage von* P ist. Wir hätten also den gleichen Beweis auch für einen anderen Punkt P führen können; solange wir k beibehalten, gelangen wir zu denselben Punkten C und D. Für jeden derartigen Punkt P ist CPD ein rechter Winkel. In Kapitel 1 haben wir gesehen, daß in diesem Fall P auf einem Halbkreis über dem Durchmesser $\overline{CD}$ liegt. Für Punkt P unterhalb der Geraden $\overline{AB}$ erhalten wir den Rest des Apollonios-Kreises (Bild 10). Man beachte, daß B nicht der Mittelpunkt des Kreises ist.

Wir nehmen an, daß ein Schiff den Punkt B verläßt und in festgelegter Richtung mit konstanter Geschwindigkeit fährt. Ein zweites Schiff, das k mal schneller fährt, verläßt den Punkt A zur selben Zeit. Welchen Kurs muß das schnellere Schiff steuern, um das langsame Schiff so bald wie möglich zu erreichen, wobei ein freier ebener Ozean angenommen sei? Dieses Problem haben wir soeben gelöst. Der Steuermann zeichnet zu A und B den Apollonios-Kreis für die Konstante k und bringt diesen Kreis mit dem Kurs des langsamen Schiffes zum Schnitt. Der Schnittpunkt sei Q (Bild 10). Auf diesen Punkt steuert er zu. Es ist $\overline{AQ} = k \cdot \overline{BQ}$, so daß beide Schiffe gleichzeitig in Q ankommen müssen.

2.3. Koaxiale Figurenscharen

Was geschieht nun, wenn bei unserem Problem der harmonischen Teilung der Wert von k geändert wird. Für jeden Wert k erhalten wir ein neues Punktepaar C und D und daher einen neuen Apollonios-Kreis für die Punkte A und B. Nähert sich k dem Wert 1, werden die Kreise größer. Ist $k = 1$, so ist der „Kreis" eine Gerade, nämlich die Mittelsenkrechte auf AB. Wenn man so will, kann man sie als einen Kreis mit unendlich großem Radius ansehen. In unseren Figuren ist überall k größer als 1, geschrieben $k > 1$, angenommen worden. Für $k < 1$ (k kleiner als 1) erscheint der Kreis auf der anderen Seite der Mittelsenkrechten und der Punkt D der harmonischen Teilung links von A. Offensichtlich stellt $k = 1$ einen Sonderfall dar. Wo liegt D, wenn C die Mitte von A und B ist?

Bild 11 zeigt die Apollonios-Kreise für verschiedene Werte von k. Sie bilden eine sich nicht schneidende koaxiale Familie.

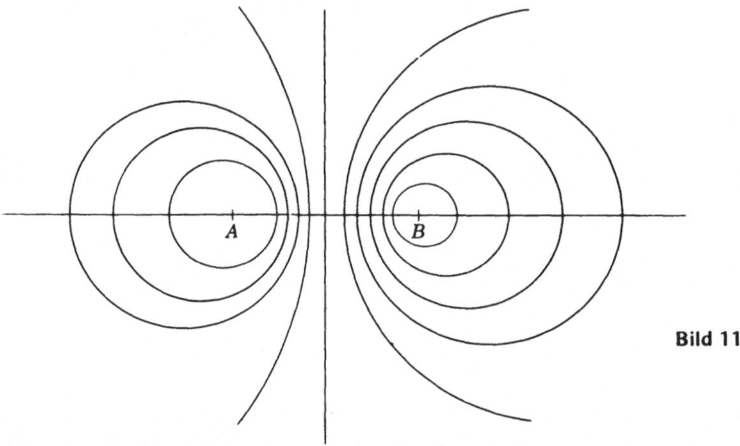

Bild 11

Von zwei Kreisen (oder irgendwelchen anderen Kurven) sagt man, daß sie sich *rechtwinklig* schneiden, wenn dies ihre Tangenten im Schnittpunkt tun (Bild 12). Wir hoffen, daß die folgenden Tatsachen offensichtlich sind:

Satz 7:

(1) Ist *ein* Schnitt zweier Kreise rechtwinklig, so ist es auch der andere.

(2) Zwei Kreise schneiden sich genau dann rechtwinklig, wenn jeweils der Radius des einen Kreises zum Schnittpunkt Tangente an den anderen Kreis ist (weil eine Tangente stets senkrecht auf dem Radius im Berührpunkt steht).

(3) Zwei Kreise schneiden sich genau dann rechtwinklig, wenn

$$r_1^2 + r_2^2 = \overline{O_1 O_2}^2 \qquad \text{(nach dem Satz des Pythagoras)}$$

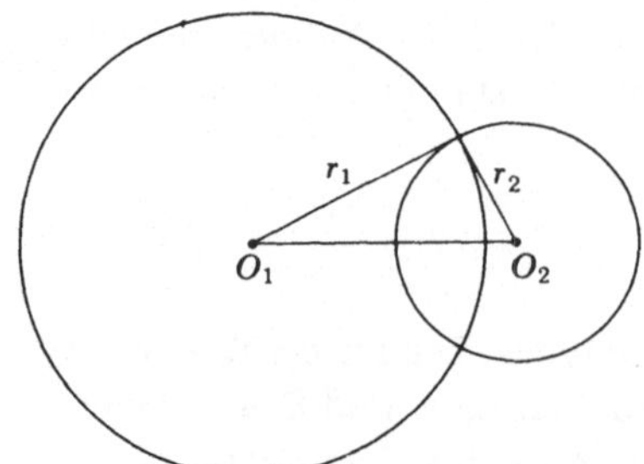

Bild 12

Die Strecke $\overline{AB}$ werde durch C und D harmonisch geteilt; ferner sei O der Mittelpunkt von $\overline{AB}$ und $\overline{OA} = \overline{OB} = r$. Dann gilt (Bild 13)

$$\frac{\overline{AC}}{\overline{CB}} = \frac{\overline{AD}}{\overline{BD}},$$

was in der Form

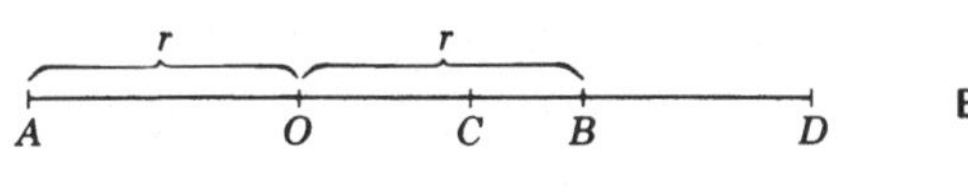

Bild 13

$$\frac{r + \overline{OC}}{r - \overline{OC}} = \frac{\overline{OD} + r}{\overline{OD} - r}$$

geschrieben werden kann. Ausmultiplizieren und vereinfachen liefert

$$r^2 = \overline{OC} \cdot \overline{OD}$$

Diese Gleichung ist gleichbedeutend mit der Feststellung, daß die Teilung harmonisch ist. Nun ziehen wir den Kreis α (alpha) mit dem Durchmesser $\overline{AB}$ und irgendeinen anderen Kreis β (beta) durch C und D. Diese beiden Kreise müssen sich (zweimal) schneiden.

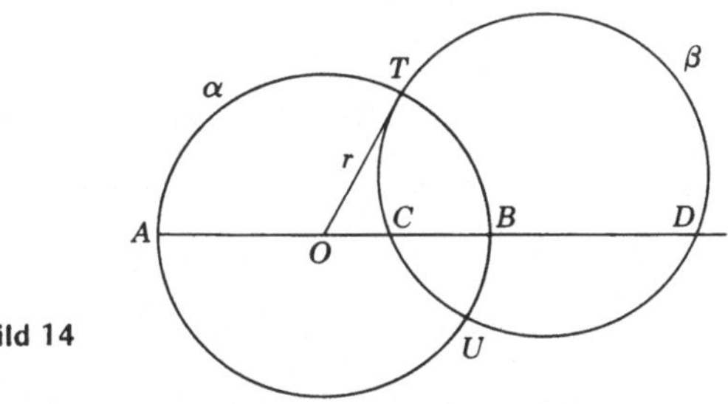

Bild 14

T sei einer dieser Schnittpunkte. Wir ziehen $\overline{OT}$ (Bild 14). Nun haben wir gerade $r^2 = \overline{OC} \cdot \overline{OD}$ festgestellt. Dies kann nur genau dann gelten, wenn r den Kreis β berührt (nach dem letzten Teil von Satz 4). Daher sind nach Satz 7 (2) die beiden Kreise rechtwinklig (orthogonal) zueinander. Wir halten dies fest in dem

Satz 8: Wird der Durchmesser eines Kreises harmonisch durch einen anderen Kreis geteilt, so sind die beiden Kreise orthogonal.

Das Umgekehrte gilt auch, wie man leicht beweisen kann, indem man die einzelnen Beweisschritte zurückgeht.

Aus dem Satz 8 leiten wir eine Fülle von bemerkenswerten Folgerungen her, Kreis α ist gerade ein Kreis der koaxialen Schar; alle Kreise der Schar haben Durchmesser, die durch *dieselben* Punkte C und D harmonisch geteilt werden. Daher schneidet Kreis β alle Kreise der Schar α orthogonal. Aber nicht nur das: Über β ist nichts Besonderes vorausgesetzt mit Ausnahme, daß β durch C und D verlaufen muß. Dies tun aber unendlich viele Kreise, und alle verhalten sich so wie β, insofern sie alle orthogonal zu jedem Kreis der α-Schar sind. Die Mittelpunkte der β-Schar liegen auf der Mittelsenkrechten von $\overline{CD}$ (warum?). Die β-Kreise bilden eine sich schneidende koaxiale Schar. Bild 15 zeigt beide Scharen. Jeder Schnitt eines α-Kreises mit einem β-Kreis erfolgt rechtwinklig.

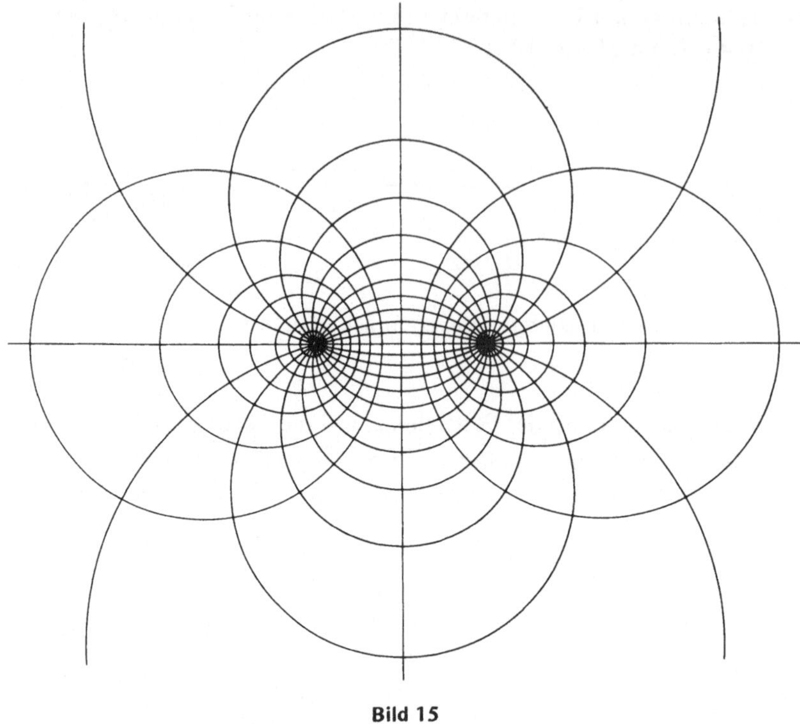

Bild 15

Wir betrachten nun einen β-Kreis und zwei gegebene α-Kreise. Der Mittelpunkt des β-Kreises ist ein Punkt, von dem aus die Tangenten an die beiden α-Kreise gleich lang sind, weil alle vier Tangenten Radien des β-Kreises sind. Für den Mittelpunkt eines anderen β-Kreises gilt dasselbe. D. h., die Ortslinie der Mittelpunkte der β-Schar ist die Ortslinie der Punkte, von denen gleiche Tangenten an zwei gegebene α-Kreise gezogen werden können. Sie heißt die *Potenzlinie (Potenzachse)* dieser beiden Kreise. Ersetzen wir nun einen der beiden α-Kreise durch einen anderen Kreis der α-Schar, während wir den anderen Kreis belassen, so erkennen wir, daß alle Kreise der α-Schar dieselbe Potenzachse besitzen: Sie ist die Ortslinie der Mittelpunkte der β-Schar.

Was ist nun bei zwei sich schneidenden Kreisen die Potenzachse? Zur Beantwortung dieser Fragen müssen wir nur im Vorstehenden überall die Buchstaben α und β miteinander vertauschen, und feststellen, daß dabei alle Behauptungen und Folgerungen richtig bleiben. Die Potenzachse zweier sich schneidender Kreise ist ihre gemeinsame Sekante (bzw. Sehne).

Schneiden sich zwei Kreise nicht, so wissen wir zwar von der Theorie her alles über ihre Potenzachse, aber wie finden wir diese nun konstruktiv mit Zirkel und Lineal? Dazu ziehen wir einen dritten Kreis c (Bild 16), der die gegebenen Kreise a und b unter irgendeinem beliebigen Winkel schneidet. Dann liegt P, der Schnitt der gemeinsamen Sekante, auf der Potenzachse. Ein anderer beliebiger Kreis (in Bild 16 nicht gezeichnet), der ebenfalls a und b schneidet, liefert genau so einen Punkt Q. $\overline{PQ}$ ist die gesuchte Potenzachse.

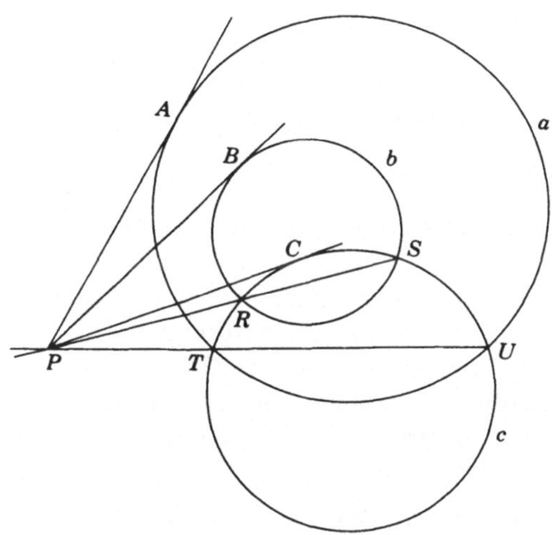

Bild 16

Warum ist dies richtig? Wir ziehen von P Tangenten, die die drei Kreise in A, B und C berühren. Da $\overline{TU}$ eine gemeinsame Sekante ist, können wir den Satz 4 erst auf den Kreis a, dann auf den Kreis c anwenden und erhalten

$$\overline{PA}^2 = \overline{PT} \cdot \overline{PU} = \overline{PC}^2.$$

Für die gemeinsame Sekante $\overline{RS}$ der Kreise b und c folgt entsprechend

$$\overline{PB}^2 = \overline{PR} \cdot \overline{PS} = \overline{PC}^2.$$

Aus diesen beiden Gleichungen läßt sich

$$\overline{PA}^2 = \overline{PB}^2 \qquad \text{oder} \qquad \overline{PA} = \overline{PB}$$

ablesen, was bedeutet, daß P ein Punkt der Potenzachse ist. Zur Zeichnung der Potenzachse benötigen wir nur einen zweiten Punkt Q, der ebenso gefunden wird.

Im folgenden noch ein abgekürzter, etwas schwieriger Beweis. $\overline{TU}$ ist die Potenzachse von a und c, $\overline{RS}$ ist die von b und c. Ihr Schnitt P ist daher ein Punkt, von dem aus die Tangenten an alle drei Kreise a, b und c gleich sind, in zweimaliger Anwendung der Definition der Potenzachse für zwei sich schneidende Kreise.

3. Inversion

3.1. Transformationen

Vielleicht haben Sie in der Schule gelernt, mit Logarithmen zu rechnen. Warum eigentlich? Logarithmen sich Exponenten zu einer gewissen Basis (meistens der Zahl 10). Potenzen zur selben Basis werden *multipliziert,* indem ihre Exponenten *addiert* werden. Dies ist nur *eine* Rechenart, die durch Logarithmen einfacher gemacht wird, aber sie genügt zur Erläuterung. Die beiden zu multiplizierenden Zahlen können vier oder fünf Ziffern haben. Es ist nun recht einfach, zu jeder Zahl den Logarithmus aufzuschreiben, diese beiden Logarithmen zu addieren und dann dazu den „Antilogarithmus", den Numerus, als Ergebnis zu suchen.

Ein derartiges Vorgehen ist nur möglich, weil zwischen den positiven reellen Zahlen und ihren Logarithmen eine *eineindeutige Zuordnung* besteht. In den Logarithmentafeln ist diese angegeben. Der Leser mag sich dies als eine Transformation

$$y = \lg x$$

vorstellen. Zu jedem x gehört genau ein Logarithmus y und umgekehrt. Durch das Aufsuchen der Logarithmen *transformieren* wir die Aufgabe aus dem Rechnen mit positiven reellen Zahlen in den Bereich ihrer Logarithmen, in dem sie einfacher zu lösen ist. Nach der Lösung (nachdem beispielsweise addiert worden ist), transformieren wir die Antwort mit Hilfe derselben eineindeutigen Zuordnung in der Tafel in den ursprünglichen Bereich zurück.

Wir fassen zusammen: Eine Rechnung oder eine Aufgabe ist in der vorgelegten Form zu schwer. Wir transformieren sie in einen anderen Bereich, in dem sie leichter lösbar ist, lösen sie dort und transformieren die Lösung dann in den ersten Bereich zurück. Es ist bezeichnend, daß trotz der Eineindeutigkeit der Transformation die im zweiten Bereich ausgeführte Operation von der im ersten Bereich verschieden ist. Dies ist der einzige Vorteil des Verfahrens. Unser Beispiel mit den Logarithmen ist nicht besonders ins Auge fallend, aber es ist uns recht vertraut. Die Auflösung von Differentialgleichungen mit Hilfe der Laplace-Transformation ist ein anderes, das Ingenieuren und Physikern bekannt ist. Wir untersuchen nun ein drittes Beispiel für unser Verfahren.

3.2. Inversion

Kann das Innere eines Kreises nach außen gekehrt werden? Wenn dies möglich ist, dann sind alle Punkte, die vorher im Innern waren, nun außerhalb und umgekehrt. Es gibt viele Verfahren, um eine solche *Inversion* geometrisch auszuführen. Wir werden ein besonderes Verfahren wählen, das einfach ist und gute Ergebnisse liefert.

Ein Kreis mit dem Radius r sei gegeben. Dann soll jedem Punkt C im Kreisinnern ein Punkt D so zugeordnet werden, daß D auf $\overline{OC}$ liegt und

$$\overline{OC} \cdot \overline{OD} = r^2 \qquad (1)$$

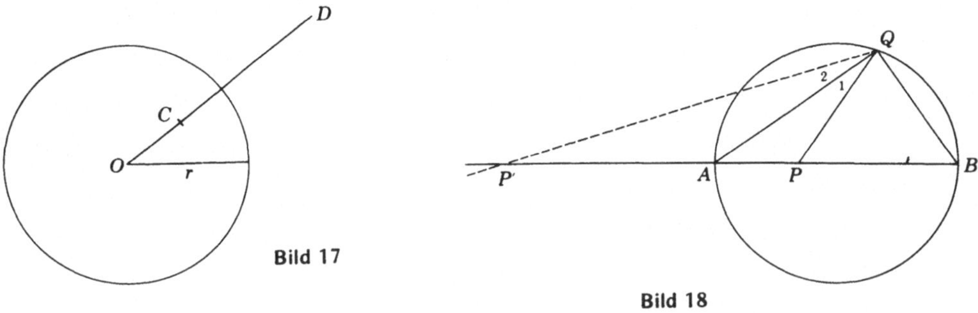

Bild 17

Bild 18

gilt (Bild 17). Die Punkte C und D heißen inverse Punkte in bezug auf den Inversionskreis. Wir können nun die Worte „im Innern" und „außerhalb" streichen, was die Gleichung (1) bereits berücksichtigt.

Alle Punkte außerhalb des Kreises gelangen dabei in das Innere des Kreises, das Inverse von D ist C. Die Punkte C und D vertauschen ganz einfach nur ihre Plätze.

Dies ist so eine eineindeutige Transformation der Ebene auf sich selbst. Jeder Punkt (ausgenommen ein einziger, welcher?) gelangt durch die Transformation auf einen ganz bestimmten Platz, und es gibt keine Verwirrung etwa dadurch, daß zwei denselben Platz einnehmen wollen. Eine derartige Transformation wird oft als *Abbildung* bezeichnet. Wozu ist das gut? Wir werden bald sehen, daß wir damit schwierige geometrische Probleme einfach lösen können. Vorläufig wollen wir uns mit ihren interessanten Eigenschaften beschäftigen.

Wo haben wir noch die Gleichung (1) vorher gesehen? Es ist genau die Bedingung (S. 13) dafür, daß C und D den Durchmesser, auf dem sie liegen, harmonisch teilen. Eine andere gleichwertige Definition der Inversion kann daher von der harmonischen Lage ausgehen. (Das mag der Leser selbst bestätigen).

Da zwei inverse Punkte nichts Anderes als harmonisch konjugierte Punkte in bezug auf die Durchmesser-Endpunkte sind, so wissen wir bereits, wie wir zu einem gegebenen Punkt seinen inversen Punkt finden können. Aber unser Verfahren in Kapitel 2 war schwerfällig, und wir versprachen, es zu vereinfachen.

Methode I: Ein Kreis und ein Punkt P seien gegeben. Zeichne den Durchmesser $\overline{AB}$ durch P und verbinde A und B mit irgendeinem Punkt Q des Kreises (Bild 18). Verdoppele den Winkel AQP. Der freie Schenkel (gestrichelt eingezeichnet) dieses Winkels schneidet $\overline{AB}$ im inversen Punkt P'. Warum? Weil AQB ein rechter Winkel ist, der einem Halbkreis einbeschrieben ist. Wir haben die gleiche Situation wie in den Bildern 8 und 9. Daher teilen A und B die Strecke PP' harmonisch und nach Satz 5 auch P, P' die Strecke $\overline{AB}$. Die Konstruktion verläuft in der gleichen Weise, wenn P' gegeben und P gesucht ist.

Wir bemerken noch nebenbei, daß für einen Kreis mit dem Durchmesser $\overline{P'P}$ die Punkte A und B inverse Punkte sind:

Methode II: Liegt P im Kreisinnern, so ziehen wir die Senkrechte $\overline{PQ}$ zu $\overline{AB}$ (Bild 19). In Q zeichnen wir die Tangente an den Kreis; diese schneidet AB in P'.

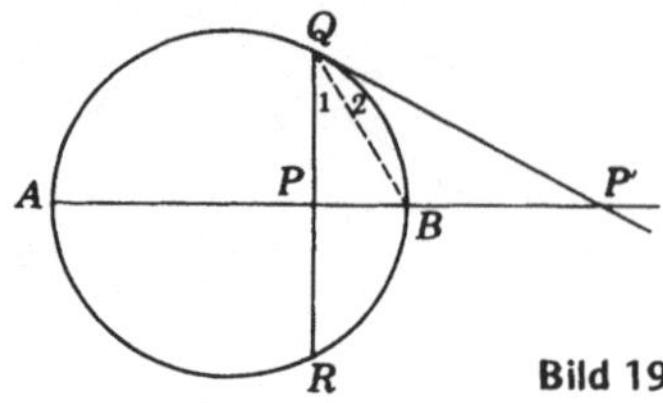

Bild 19

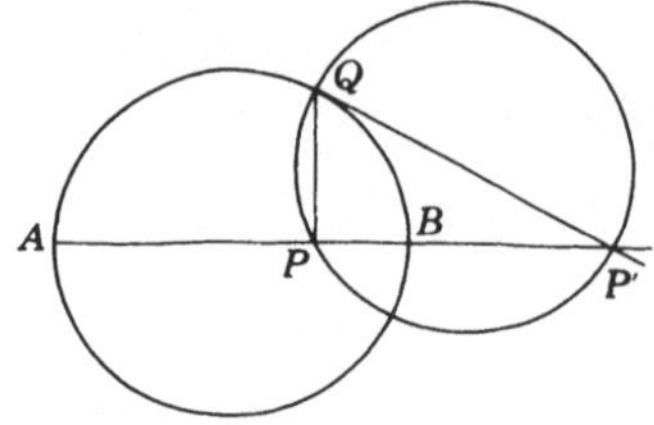

Bild 20

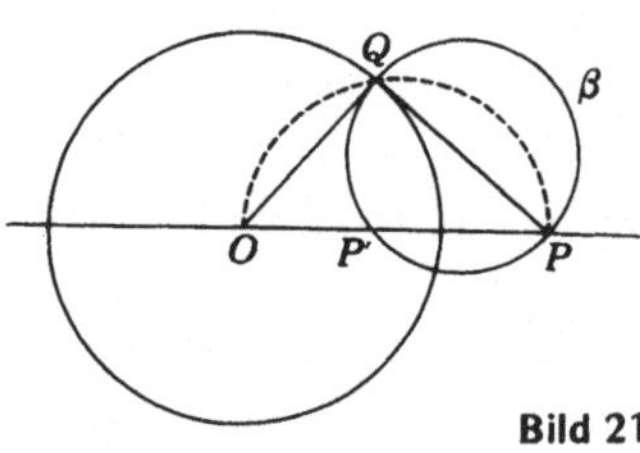

Bild 21

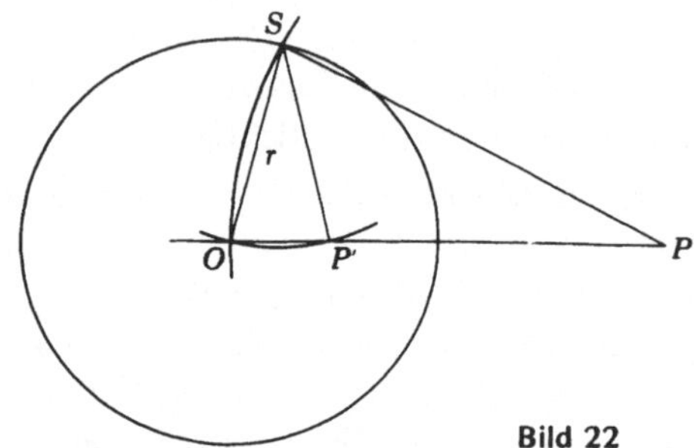

Bild 22

Beweis II A: Wenn dies richtig sein soll, dann muß ∢ 2 = ∢ 1 sein (gemäß Methode I). Diese Winkel sind aber gleich als Randwinkel über gleichen Bogen.

Beweis II B: Ziehe über $\overline{P'Q}$ als Durchmesser einen Kreis (Bild 20). *Er muß durch* P *gehen,* weil der Winkel QPP′ nach Konstruktion ein rechter Winkel ist. Die Tangente des einen Kreises ist Radius des anderen; sie schneiden sich also rechtwinklig (Satz 7 (2)). Nach der Umkehrung des Satzes 8 wird daher $\overline{AB}$ harmonisch durch P, P′ geteilt. Der Beweis II B ist vielleicht „eleganter“ als II A; er setzt aber sicherlich höhere Kenntnisse voraus.

Es sieht so aus, als ob die Methode II nur anwendbar ist, wenn P innerhalb des Kreises liegt. Trifft dies zu? Liegt P außerhalb, so läuft dies darauf hinaus, von einem Punkt außerhalb an den Kreis die Tangenten zu zeichnen. Dafür gibt es verschiedene Verfahren, aber das einfach probierende Verfahren des Anlegens eines Lineals an den Kreis ist damit *nicht* gemeint. Das mag als schnelle praktische Methode gelten, aber es ist keine im Euklidischen Sinn zugelassene Konstruktion. Wir dürfen unser Lineal nur zum Verbinden von zwei Punkten verwenden. Wie kann man dann Q finden? Am einfachsten wird man vielleicht einen Halbkreis über $\overline{OP}$ (gestrichelte Linie in Bild 21) zeichnen. Darin ist der einbeschriebene Winkel OQP ein rechter Winkel und daher Q der gesuchte Berührungspunkt der Tangente von P an den Kreis. Nun brauchen wir nur noch den Kreis β mit $\overline{PQ}$ als Durchmesser zu zeichnen, der $\overline{OP}$ in P′, dem inversen Punkt von P, schneidet.

Methode III: Liegt P außerhalb des Kreises, so ziehen Sie um P mit $\overline{PO}$ als Radius einen Kreis, der den Inversionskreis in S trifft (Bild 22). Der Kreis um S mit r schneidet nun $\overline{OP}$ in P′.

Beweis. Die gleichschenkligen Dreiecke SOP′ und PSO haben einen Basiswinkel gemeinsam, sie sind daher ähnlich, und es gilt

$$\frac{\overline{OP'}}{r} = \frac{r}{\overline{OP}}$$, w.z.b.w. (was zu beweisen war).

Liegt P innerhalb des Kreises, so beginnen wir mit dem Kreis um P mit r, um S zu finden. Die Mittelsenkrechte auf $\overline{OS}$ schneidet $\overline{OP'}$ in P.

Es gibt noch andere Verfahren für die Konstruktion inverser Punkte.

Der Leser wird hoffentlich schon bemerkt haben, daß es in jeder Inversion einen Ausnahmepunkt gibt. Was geschieht mit dem Mittelpunkt des Inversionskreises? Was geschieht mit dem Inversionszentrum O? Punkte nahe bei O gehen in sehr weit entfernte Punkte über; und zwar liegen die inversen Punkte um so weiter weg, je näher man an O heranrückt. In diesem Sinne geht O selbst in „das Unendliche“ über. Um unsere Eineindeutigkeit ohne Sonderpunkt aufrechtzuerhalten, müssen wir *einen* Punkt im Unendlichen annehmen. Ist dies nicht etwas seltsam? Wer sich gerne ein Modell vorstellt, denke sich die Figur auf einer großen Kugel, etwa der Erdkugel, gezeichnet. Dann spielt der dem Punkt O auf der Oberfläche diametral entgegengesetzte Punkt die Rolle des unendlich fernen Punktes. Es wäre so, als ob man die Ebene in Streifen von O aus aufschneiden und diese dann in dem unendlichfernen Punkt zusammenheften würde. Dies ist nur ein Versuch zur Veranschaulichung; wem er nicht gefällt, der mag ihn vergessen. Es ist nicht daran gedacht, die Inversionsebene irgendwie wirklich zu zerschneiden. Nichtsdestoweniger wird klar, daß die Inversionsebene irgendwie verschieden von der (gewöhnlichen) Ebene der Elementargeometrie ist.

Man mag einwenden: „Es hat keinen Sinn zu sagen, daß nur ein Punkt im Unendlichen liegt. Man weiß doch recht gut, daß jemand, der in die eine Richtung, und ein anderer, der in eine andere Richtung geht, beide im Unendlichen an zwei verschiedenen Punkten ankommen würden“.

Bedaure, aber wir wissen nichts Derartiges. Wir haben tatsächlich keine Idee von dem, was „im Unendlichen“ geschieht; überdies werden wir niemals dorthin gelangen können, um es herauszufinden. Diese Sätze haben keinen Sinn. Je mehr wir darüber nachdenken, desto mehr kommen wir zu der Feststellung, daß wir anschaulich nichts über das Unendliche wissen. Wir müssen die Frage über das, was dort wahr sein muß, einfach völlig aus der Diskussion heraus lassen. *Nichts* ist dort in dem Sinne wahr, das es aus einfachsten Sätzen bewiesen werden kann.

Es sei nur daran erinnert, daß das Parallelenpostulat von *Euklid* ein *Axiom* ist, nicht ein Satz, der aus anderen Sätzen hergeleitet werden kann. Wir können in der Mathematik irgendetwas postulieren (festsetzen, vereinbaren), vorausgesetzt, daß wir dann geduldig und gehorsam daraus die Folgerungen ziehen. In einigen Geometrien ist es von Vorteil, eine Gerade im Unendlichen anzunehmen, aber bei den Inversionen vereinbaren wir, daß genau ein Punkt, nämlich der Inverse von O, im Unendlichen liegen soll. Dies steht zu nichts im Widerspruch, was immer ein Zeichen für die Nützlichkeit eines Postulats ist.

3.3. Invarianten

Angenommen, wir haben geometrische Figuren wie Dreiecke oder Kreise in der Ebene gezeichnet und invertieren diese Ebene in bezug auf irgendeinen festen Kreis. Dann ist die Frage, was dabei mit den Figuren geschieht, nur zu natürlich. Werden sie nur breiter oder schmaler oder verändern sie auch noch ihre Form? Einige Verformungen sind zu erwarten, aber bei welchen Figuren und von welcher Art sind sie? Welche der ursprünglichen Figuren-Eigenschaften bleiben unverändert? Wir bezeichnen die Eigenschaften, die bei der Inversion erhalten bleiben, als *Invarianten* dieser Transformation.

Sicherlich ist die Größe keine Invariante. Da das Innere des Inversionskreises über die ganze Ebene außerhalb ausgebreitet wird, müssen alle Figuren größer werden (oder kleiner, wenn sie außerhalb des Kreises liegen und in sein Inneres abgebildet werden). Die Entfernungen bleiben nicht erhalten.

Mit Ausnahme des Inversionszentrums werden vorher dicht beieinander liegende Punkte (in einem definierbaren Sinn) durch eine Inversion wieder in dicht beieinander liegende Punkte abgebildet: Die *Umgebungen* bleiben erhalten. Die Transformation reißt kleine zusammenhängende Flächenstücke nicht auseinander. Dieser Sachverhalt läßt sich mathematisch formulieren (wir wollen dies hier nicht tun), was in der Theorie in der kurzen Feststellung mündet, daß die Transformation *stetig* ist.

Die Forderung, daß eine Transformation stetig sein soll, ist keineswegs gering zu schätzen. Ihre Stärke kann durch das folgende elementare Problem beleuchtet werden.

Wir denken uns einen Faden, der quer durch einen Raum von der Wand A zur Gegenwand B verläuft. Ohne Zerschneiden soll damit ein kompliziert geformtes Päckchen mit vielen Schleifen und Knoten verschnürt werden. Das verschnürte Päckchen bleibt in der Mitte des Raums. Gibt es nun irgendeine Stelle (einen Punkt) des Fadens, der in genau derselben Entfernung von der Wand A ist wie vor dem Verschnüren.

Die Antwort lautet: Ja. Der Beweis erfordert die Anwendung des so augenscheinlich trivialen Satzes über Stetigkeit. Selbst mit diesen Hinweisen würde der Leser Klassenbester werden, wenn er dies ohne Nachlesen der Anmerkungen beweisen könnte.

Die Stetigkeit der Inversion läßt vermuten, daß auch die *Ähnlichkeit* erhalten bleibt. Wird ein Dreieck durch diese Transformation in ein vergrößertes (oder verkleinertes) ähnliches Dreieck abgebildet? Diese Frage muß verneint werden. Was geschieht denn mit einem Dreieck? Wir beginnen mit der einfacheren Frage nach dem, was aus einer Geraden wird.

Nach der Definition der Inversion wird eine Gerade durch ihr Zentrum in sich abgebildet. Aber man muß dazu bemerken, daß zwar eine solche Gerade invariant ist, die Punkte auf ihr sind es aber nicht. Sie vertauschen ihre Plätze mit anderen Punkten der Geraden, mit Ausnahme von zwei Punkten. Welche sind dies? Die beiden Punkte *auf* dem Inversionskreis bleiben fest. Der Inversionskreis ist in zweierlei Hinsicht invariant, einmal als Ganzes, das andere Mal punktweise.

Wie ist es nun mit den Geraden, die nicht durch das Zentrum O des Inversionskreises verlaufen? Wir nehmen zunächst eine Gerade an, die wie in Bild 23 den Kreis nicht schneidet. Dann ziehen wir $\overline{OP}$ senkrecht zu g mit P auf g. Ferner verbinden wir O mit einem

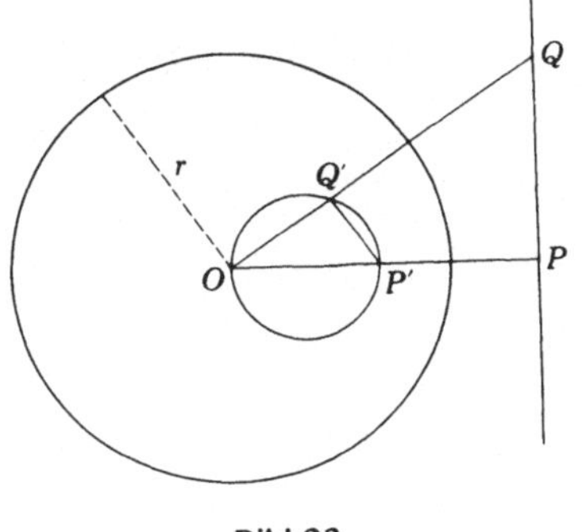

Bild 23

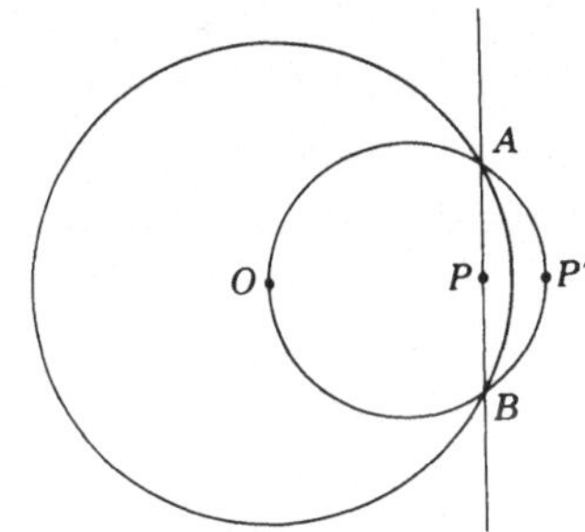

Bild 24

anderen Punkt Q auf g. Es seien nun P′ und Q′ die inversen Punkte von P und Q. Dann gelten die Gleichungen

$$\overline{OQ} \cdot \overline{OQ'} = r^2 \quad \text{und} \quad \overline{OP} \cdot \overline{OP'} = r^2$$

aus denen

$$\overline{OP} \cdot \overline{OP'} = \overline{OQ} \cdot \overline{OQ'} \quad \text{oder} \quad \frac{\overline{OQ'}}{\overline{OP'}} = \frac{\overline{OP}}{\overline{OQ}}$$

folgt. Die beiden Dreiecke OPQ und OQ′P′ (man beachte die Lage der Ecken) haben einen gemeinsamen Winkel und stimmen in einem Seitenverhältnis überein, also sind sie ähnlich. Daher ist OQ′P′ ein rechter Winkel. Nun ist Q irgendein Punkt der Geraden, d. h. Q′ wird für verschiedene Lagen von Q seine Ortslinie so durchlaufen, daß OQ′P′ stets ein rechter Winkel ist. Diese Ortslinie ist nach Satz 1 ein Kreis mit OP′ als Durchmesser. Wir haben etwas ganz Unerwartetes erhalten. Eine Gerade, die *nicht* durch das Zentrum geht, wird bei der Inversion in einen Kreis *durch* das Zentrum abgebildet.

Die Figur, die aus einer anderen Figur durch Inversion entsteht, wird als ihr *Bild* bezeichnet. Das Bild der Geraden ist der Kreis. Dieselbe Transformation vertauscht den Bildpunkt mit dem Originalpunkt, so daß von allein auch das Umgekehrte gilt: Das Bild eines Kreises durch das Zentrum ist eine nicht durch das Zentrum verlaufende Gerade. Der Durchmesser des Kreises ist mit dem Abstand der Geraden vom Zentrum durch die Gleichung

$$\overline{OP} \cdot \overline{OP'} = r^2$$

verbunden.

Wie ist es nun, wenn die gegebene Gerade den Inversionskreis in zwei Punkten schneidet? Dann bleiben diese beiden Punkte invariant, im übrigen gilt der Beweis wie früher (Bild 24). Der Durchmesser des Kreises wird ebenfalls durch $\overline{OP} \cdot \overline{OP'} = r^2$ bestimmt; aber es ist viel einfacher, den Kreis zu zeichnen, der durch die Punkte A, B und O in Bild 24 verläuft.

Wir fassen dies in einen Satz zusammen:

Satz 9: Das Bild einer nicht durch das Zentrum verlaufenden Geraden ist ein Kreis durch das Inversionszentrum, umgekehrt ist das Bild eines Kreises durch das Zentrum eine nicht durch Zentrum verlaufende Gerade.

Die nächste Frage ist die nach dem Bild eines nicht durch das Inversionszentrum gehenden Kreises. Die Antwort liefert der

Satz 10: Das Bild eines nicht durch das Zentrum verlaufenden Kreises ist wieder ein nicht durch das Zentrum verlaufender Kreis.

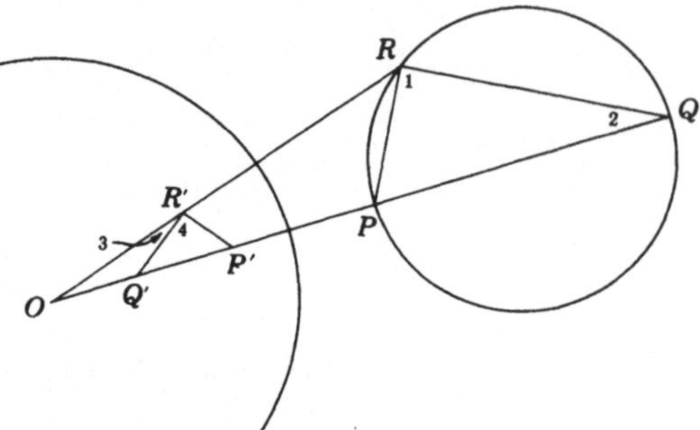

Bild 25

Der Beweis ist dem vorhergehenden ähnlich, nur etwas umfangreicher. Wir beginnen mit einem Kreis ganz außerhalb des Inversionskreises, und ziehen OPQ so, daß $\overline{PQ}$ ein Durchmesser des gegebenen Kreises ist (Bild 25); R sei ein weiterer Punkt des Kreises. Die inversen Bilder dieser drei Punkte seien P′, Q′, R′. Diesmal können wir nicht unmittelbar schließen, daß $\sphericalangle 4$ ein rechter Winkel ist, obwohl er es ist, da wir keine ähnlichen Dreiecke PQR und P′Q′R′ haben. Aber es gilt

$$\overline{OP} \cdot \overline{OP'} = \overline{OR} \cdot \overline{OR'},$$

weil beide Produkte gleich r^2 sind. Daher haben wir

$$\frac{\overline{OP}}{\overline{OR}} = \frac{\overline{OR'}}{\overline{OP'}}.$$

Da die Dreiecke OPR und OP′R′ außerdem den Winkel bei O gemeinsam haben, sind sie ähnlich. Genau so läßt sich zeigen, daß Δ OQR und Δ OR′Q′ ähnlich sind. Aus den beiden ersten ähnlichen Dreiecken folgt

$$\sphericalangle OPR = \sphericalangle OR'P'.$$

Nun ist aber $\sphericalangle$ OPR als Außenwinkel des Dreiecks PRQ gleich der Summe der beiden nicht anliegenden Innenwinkel, also

$$\sphericalangle 1 + \sphericalangle 2 = \sphericalangle OR'P'.$$

Aus dem zweiten Paar ähnlicher Dreiecke folgt entsprechend

$$\sphericalangle 2 = \sphericalangle 3$$

Einsetzen ergibt

$$\sphericalangle 1 + \sphericalangle 3 = \sphericalangle OR'P'$$
$$\sphericalangle 4 + \sphericalangle 3 = \sphericalangle OR'P'$$

woraus

$$\measuredangle 4 = \measuredangle 1$$

folgt. Nun ist $\measuredangle 1$ ein einem Halbkreis einbeschriebener rechter Winkel, daher ist es auch $\measuredangle 4$, und die Ortslinie für einen Punkt R' ist ein anderer Halbkreis mit $\overline{Q'P'}$ als Durchmesser. Dies wollten wir beweisen.

Der Beweis verläuft in der gleichen Weise, wenn der gegebene Kreis ganz im Innern des Inversionskreises liegt oder wenn er den Inversionskreis schneidet. Es ist überraschend, daß mit Ausnahme der im Satz 9 angesprochenen Fälle Kreise wieder in Kreise übergehen. Diese Kreise können wir als Invarianten auffassen, wobei nur die Kreisform gemeint ist und nicht ihr Durchmesser.

Geht auch der *Kreismittelpunkt* wieder in einen Kreismittelpunkt über? Es sei dem Leser überlassen, zu zeigen, daß das nicht der Fall ist.

Wir können nun auch Bild 14, bei dem der Durchmesser $\overline{AB}$ harmonisch durch C und D geteilt wird, in anderem Licht sehen. In der Sprache dieses Kapitels sind C und D inverse Punkte in bezug auf den Kreis α. Was ist das Bild des Kreises β? Es muß ein anderer Kreis β' sein, der durch den festbleibenden Punkt T und die beiden zueinander inversen Punkte C und D geht. Durch drei gegebene Punkte läßt sich aber nur genau *ein* Kreis ziehen. Das heißt, daß β' derselbe Kreis wie β ist; die Punkte des Kreises bleiben nicht fest (sie tauschen ihre Lage aus), dagegen bleibt der Kreis als Ganzes invariant. Dies ist eine weitere Bestätigung der Umkehrung des Satzes 8: *Jeder* Durchmesser von α wird von β in inversen Punkten geschnitten.

Nur zum Inversionskreis orthogonale Kreise haben diese Eigenschaft: Schneidet β den Kreis α unter einem anderen Winkel, so würden die Schnittpunkte T und U fest bleiben, aber C und D würden sich nicht vertauschen und β' würde ein von β verschiedener Kreis sein.

Wir kehren zur Beantwortung unserer Ausgangsfrage zurück: „Was ist das inverse Bild eines Dreiecks?" Liegt keine Dreiecksseite auf einer Geraden durch O, so muß das inverse Bild jeder Seite ein Kreisbogen sein; als Bild des Dreiecks erhalten wir eine Art Kurvendreieck. Können wir etwas über die Winkel in diesem Kurvendreieck sagen? Ja, es sind die gleichen wie beim Originaldreieck! Bei der Inversion *ist der Winkel invariant.*

Was verstehen wir überhaupt unter dem Winkel zweier Kurven? Er ist definiert als der Winkel, den die beiden Tangenten an die Kurven im Schnittpunkt miteinander bilden (Bild 26). Es treten natürlich zwei Winkel auf (tatsächlich sogar vier), aber wir betrachten

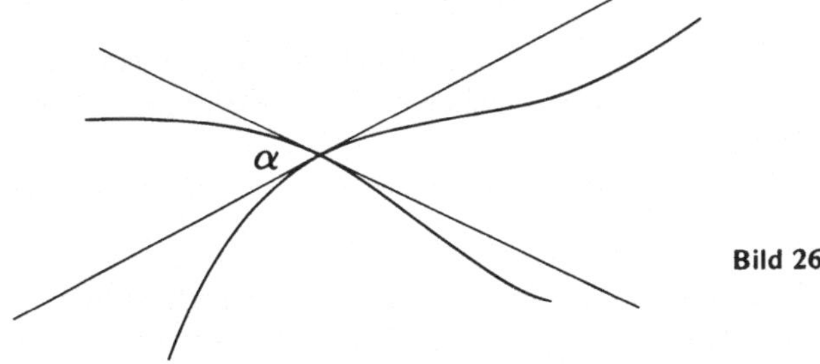

Bild 26

nur den spitzen Winkel α (es könnten alles rechte Winkel sein). Die beiden beliebigen Kurven (es brauchen nicht immer Kreise zu sein) werden in zwei neue Kurven durch Inversion abgebildet, die, so verschieden sie auch von ihren Originalkurven sein mögen, sich doch unter demselben Winkel α schneiden. Jede Transformation, die sich so verhält, wird als *konform* bezeichnet. Wir werden sehen, daß die Inversion tatsächlich *antikonform* ist: Die Größe von α bleibt erhalten, aber nicht der Drehsinn.

Satz 11: Die Inversion ist eine antikonforme Abbildung.

Wir werden zunächst beweisen, daß der Winkel zwischen einer Kurve s und einer Zentralen (durch O) erhalten bleibt. In Bild 27 schneidet die Zentrale die Kurve s in P und die Bildkurve s' in P'. Nach Satz 10 folgt aus der Ähnlichkeit der entsprechenden Dreiecke, daß

$$\sphericalangle ORP = \sphericalangle O'P'R'$$

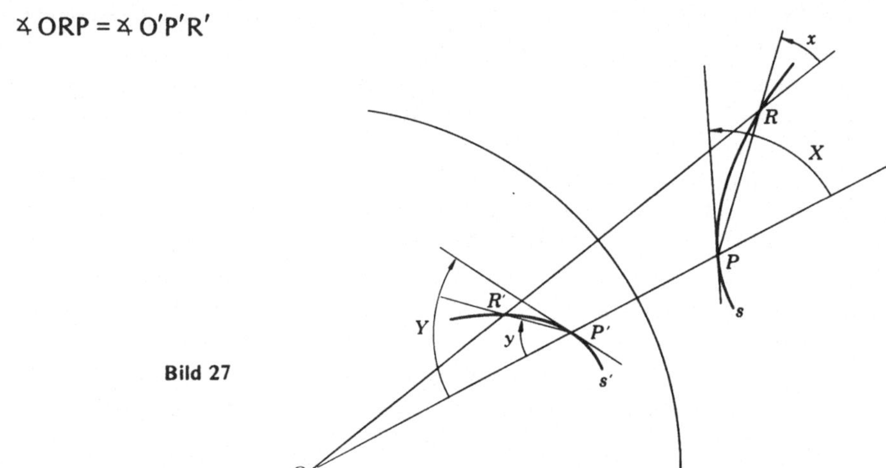

Bild 27

und daher $\sphericalangle y = \sphericalangle x$ ist. Nun lassen wir den Punkt R entlang s an den Punkt P heranrücken. Dann nähert sich R' entlang s' dem Punkt P'. Die Gerade PR wird dabei mehr und mehr zur Tangente an s in P und P'R' zur Tangente an s' in P'. Damit nähert sich $\sphericalangle x$ dem $\sphericalangle X$ und $\sphericalangle y$ dem $\sphericalangle Y$; da während der ganzen Annäherung $\sphericalangle x = \sphericalangle y$ war, so gilt auch für die Grenzlage $\sphericalangle X = \sphericalangle Y$.

Schneiden sich nun zwei beliebige Kurven z. B. im Punkt P, so hat man nur die Zentrale $\overline{OP}$ zu ziehen und die beiden Winkel zu betrachten, die die beiden Kurven mit dieser Zentralen bilden. Diese sind in der Originalfigur und in der Bildfigur gleichermaßen zu addieren bzw. zu subtrahieren.

Damit ist unsere Ausgangsfrage beantwortet. Ein Dreieck geht durch Inversion in ein Kurvendreieck über, dessen Seiten Kreisbögen sind und dessen Winkel entgegengesetzt gleich denen des Dreiecks sind. (Über die Fläche ist nichts gesagt.)

3.4. Doppelverhältnis

Wir kehren zu Bild 7 (S. 9) zurück, in dem die harmonische Teilung einer Strecke durch zwei Punkte geschildert ist. Wir können darin die Richtung der Teilstrecken berücksichtigen, indem wir von links nach rechts laufende Strecken positiv, von rechts nach links laufende Strecken negativ messen. Das Negative von $\overline{CB}$ ist danach $\overline{BC}$. Wir erhalten dann

$$\frac{\overline{AC}}{\overline{BC}} = -\frac{\overline{AD}}{\overline{BD}}.$$

Eine der vier Strecken ist den anderen drei entgegengesetzt gerichtet, so daß genau ein Zeichenwechsel auftritt. Die obige Gleichung führt auf

$$\frac{\frac{\overline{AC}}{\overline{BC}}}{\frac{\overline{AD}}{\overline{BD}}} = -1$$

Der Ausdruck auf der linken Seite ist ein Verhältnis zweier Verhältnisse, nämlich das Verhältnis des einen Teilverhältnisses zu dem anderen Teilverhältnis. Da beide Teilverhältnisse numerisch gleich sind, ergibt sich 1 oder bei Berücksichtigung der Vorzeichen – 1.

Wie ist es, wenn dieser Ausdruck nicht – 1 ist? Das tritt ein, wenn bei gegebenem C der Punkt D nicht der zu C gehörige vierte harmonische Punkt ist. Auch dann können wir

$$\frac{\frac{\overline{AC}}{\overline{BC}}}{\frac{\overline{AD}}{\overline{BD}}}$$

bilden und bezeichnen diesen Ausdruck als Doppelverhältnis, selbst wenn sein Wert nicht – 1 ist. Nur wenn das Doppelverhältnis von vier Punkten A, B, C, D auf einer Geraden den Wert – 1 hat, liegt eine harmonische Teilung vor, in anderen Fällen nicht.

Wir betonen noch einmal, daß *irgendwelche* vier Punkte A, C, B, D (man beachte die Reihenfolge) auf einer Geraden ein Doppelverhältnis wie oben definiert bestimmen. Dieses spielt in einigen Bereichen der Geometrie eine Rolle. Man kann das Doppelverhältnis nicht mit einem Schlage erkennen oder sein Verhalten voraussagen, aber es ist bei Transformationen ein bemerkenswert beharrlicher Wert. Unter anderem überlebt er die Inversion: Das Doppelverhältnis ist eine Invariante der Inversion.

Werden vier Punkte einer Geraden einer Inversion unterworfen, so werden sie gewöhnlich nicht auf eine Gerade, sondern auf einen Kreis zu liegen kommen. Können wir von einem Doppelverhältnis auf einem Kreis sprechen? Ja, aber jetzt noch nicht. Wir beweisen nur:

Satz 12: Das Doppelverhältnis von vier Punkten auf einer Zentralen durch O bleibt bei der Inversion erhalten.

In Bild 28 kürzen wir $\overline{OA} = a$, $\overline{OC} = c$ usw. ab und erhalten

$$a' = \frac{r^2}{a}, \; b' = \frac{r^2}{b} \quad \text{usw.}$$

In diesen Bezeichnungen ist

$$\overline{AC} = \overline{OC} - \overline{OA} = c - a,$$
$$\overline{CB} = \overline{OB} - \overline{OC} = b - c.$$

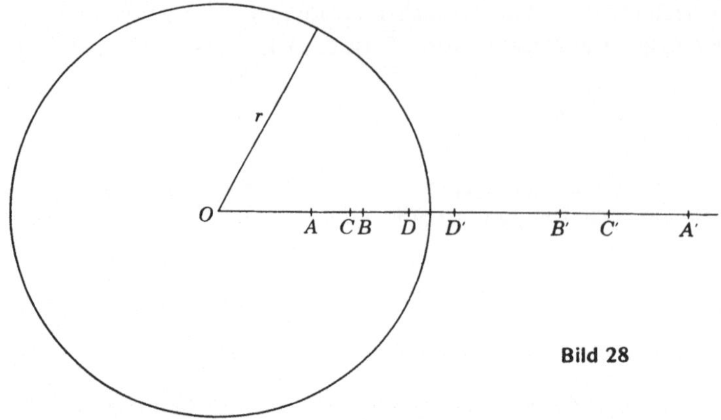

Bild 28

Wir brauchen diese Strecke aber in der entgegengesetzten Richtung $c-b$. Das Doppelverhältnis ist daher

$$\frac{\overline{AC}}{\overline{BC}}:\frac{\overline{AD}}{\overline{BD}}=\frac{c-a}{c-b}:\frac{d-a}{d-b}.$$

Was geschieht nun bei einer Inversion? Alle vier Bildpunkte erscheinen in der entgegengesetzten Reihenfolge, so daß alle Punktepaare sich umkehren und ihr Doppelverhältnis

$$\frac{a'-c'}{b'-c'}:\frac{a'-d'}{b'-d'}=\frac{\frac{r^2}{a}-\frac{r^2}{c}}{\frac{r^2}{b}-\frac{r^2}{c}}:\frac{\frac{r^2}{a}-\frac{r^2}{d}}{\frac{r^2}{b}-\frac{r^2}{d}}$$

ist. Nach Kürzung durch r^2 und weiterem Vereinfachen ergibt sich

$$\frac{\frac{c-a}{ac}}{\frac{c-b}{b-c}}:\frac{\frac{d-a}{ad}}{\frac{d-b}{db}}=\frac{c-a}{c-b}\cdot\frac{b}{a}\quad:\quad\frac{d-a}{d-b}\cdot\frac{b}{a}\quad=\frac{c-a}{c-b}:\frac{d-a}{d-b}.$$

Wir stellen nun alle Invarianten der Inversion zusammen. Die Liste ist nicht vollständig, sondern umfaßt nur die Invarianten, mit denen wir es bisher zu tun gehabt haben.

1. Der Inversionskreis ist punktweise invariant: *Jeder Punkt* auf dem Kreis bleibt fest. (Alle übrigen Kreise sind invariant, aber nicht punktweise.)
2. Geraden durch das Zentrum (Zentralen)
3. Kreise, die zum Inversionskreis orthogonal sind. Jeder dieser Kreise ist ein Festkreis, der in sich übergeht.
4. Kreise, die nicht durch das Zentrum gehen. (Diese sind invariant in dem Sinne, daß sie in andere Kreise nicht durch das Zentrum übergehen; nur die Kreiseigenschaft bleibt erhalten.)
5. Winkel (wobei sich der Drehsinn umkehrt).
6. Das Doppelverhältnis von Punkten auf einer Zentralen.

4. Anwendungen der Inversion

4.1. Zwei einfache Probleme

Wir betrachten die Kreisschar, die die Y-Achse (und damit auch sich untereinander) im Ursprung berühren (Bild 29). Unter welchen Winkeln schneidet ein anderer nicht zu dieser Schar gehörender Kreis C die Kreise der Schar?

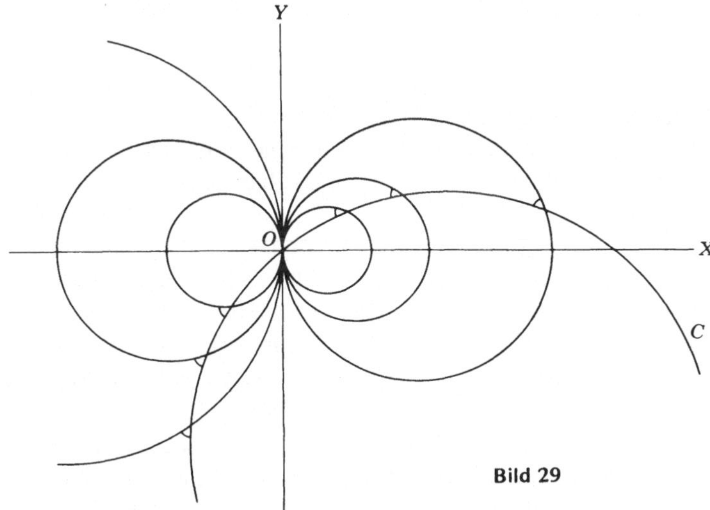

Bild 29

Ein Weg zur Beantwortung der Frage besteht in einer Inversion in bezug auf irgendeinen Kreis mit dem Ursprung als Mittelpunkt. Da alle auftretenden Kreise durch den Ursprung verlaufen, werden sie *alle* in Geraden übergeführt (Satz 9). Da ferner kein Kreis der Schar einen anderen dieser Schar schneidet, sind ihre Bilder *parallele* Geraden. Und das Bild von C ist eine Gerade, die daher jede der Parallelen unter gleichem Winkel schneidet (Satz 11). Infolgedessen muß der Kreis C vor der Inversion alle Kreise der Schar unter gleichem Winkel schneiden.

Diese Lösung ist für die Methode bezeichnend. Durch eine passende Inversion wird ein Problem in ein viel einfacheres umgeformt – so einfach, daß man nicht einmal das Bild dazu zu zeichnen braucht. Man muß nur wissen, daß sie aus einer Schar von Parallelen besteht, die von einer Geraden geschnitten wird. Im Bild kann man die Lösung des Ausgangsproblems ablesen, indem man von den invarianten Eigenschaften der Inversion Gebrauch macht.

Vielleicht hat jemand schon bemerkt, daß das Problem auch leicht ohne eine Inversion gelöst werden kann. Betrachten Sie dazu einen Kreis der Schar und den Kreis C (Bild 30). Schneiden sich zwei Kreise, so sind die beiden Schnittwinkel gleich. Dies läßt sich mit Hilfe der Symmetrie in bezug auf die gemeinsame Zentrale zeigen. Es ist $\alpha = \beta$ und daher

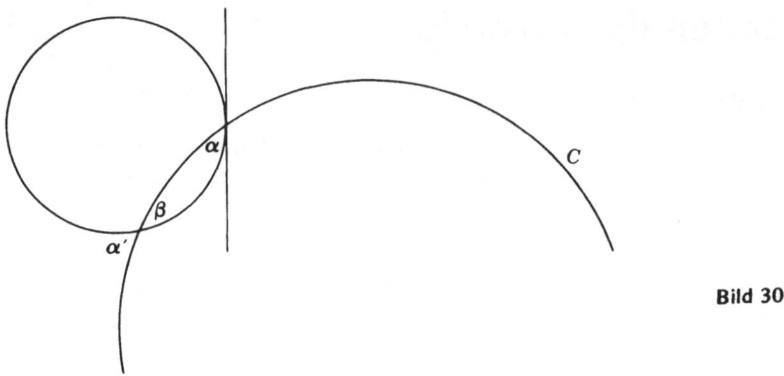

Bild 30

$\alpha = \alpha'$. Dies gilt aber für *alle* Kreise der Schar, die C unter dem Winkel α schneidet. Daher sind alle Schnittwinkel der Schar mit C untereinander gleich und gleich α. Der Leser wird hoffentlich mit mir der Meinung sein, daß dieser Beweis nicht so „happig" ist wie der mit der Inversion.

Die nun folgenden Probleme lassen sich nicht so schnell lösen. Einige von ihnen sind ohne Inversionen recht schwierig. Aber es ist genau so wahr, daß sie alle auch ohne Inversionen behandelt werden können. Die Inversion ist kein Zauberstab, der *unlösbare* Probleme lösbar macht: Ein solcher Zauberstab existiert nicht. Was die Inversion leistet, ist das, was alle mathematischen Lehren tun: Richtig angewendet, werden schwierige Dinge leicht gemacht und vorher verborgene Eigenschaften ans Tageslicht gebracht.

Angenommen, drei Kreise schneiden sich in einem Punkt und die gemeinsame Sehne von zwei Kreisen sei eine Durchmessergerade des dritten Kreises. Gilt dies für *zwei* der drei gemeinsamen Sehnen, so können wir beweisen, daß dies für *alle drei* gemeinsamen Sehnen gilt.

Dieses zweite Beispiel ist ohne Inversion etwas schwerer zu behandeln als es beim ersten Beispiel der Fall war. Der Leser mag es versuchen, aber er muß sich davor hüten, zuviel aus der Anschauung zu entnehmen. Wir wollen dies nun mit Hilfe der Inversion beweisen.

In Bild 31 sind $\overline{AO}$ und $\overline{BO}$ Durchmesser und wir müssen beweisen, daß auch $\overline{CO}$ ein Durchmesser ist. Wir invertieren die Figur in bezug auf O. (Wir werden hinfort diese Sprechweise als Abkürzung für „in bezug auf einen Kreis mit dem Zentrum O" verwenden, sofern die Größe des Inversionskreises keine Rolle spielt; d. h., es ist irgendein Kreis um O damit gemeint.) Die Geraden durch O bleiben erhalten und die Kreise gehen in Geraden

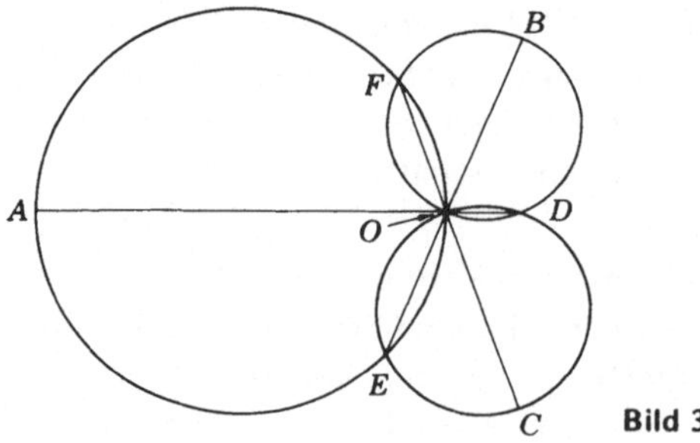

Bild 31

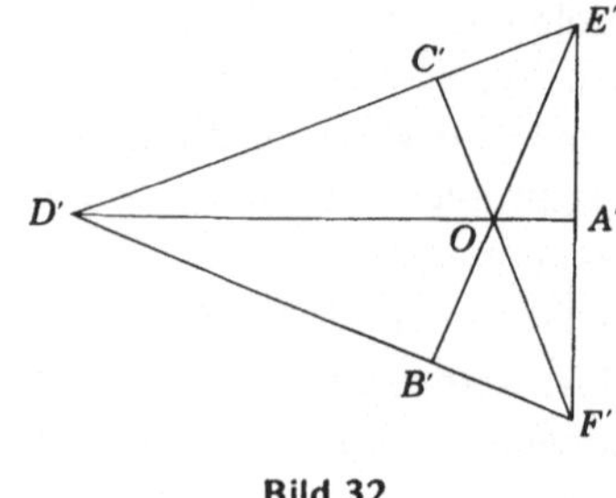

Bild 32

nicht durch O über. Da die Schnittpunkte erhalten bleiben, so muß die inverse Figur etwa wie Bild 32 aussehen, wo jeder gestrichene Punkt das Bild des entsprechenden ungestrichenen Punktes in Bild 31 sein soll. A geht also in A' usw. über.
Nun sind die Winkel bei A' und B' rechte Winkel, weil die Durchmesser die Kreise bei A und B rechtwinklig schneiden und diese Winkel erhalten bleiben. Daher sind $\overline{A'D'}$ und $\overline{B'E'}$ *Höhen* des Dreiecks; da die drei Höhen jedes Dreiecks durch einen Punkt gehen, muß die Gerade F'OC' ebenfalls eine Höhe und daher senkrecht zu $\overline{D'E'}$ sein. Damit ist der Satz bewiesen, denn dann muß auch vor der Inversion $\overline{FC}$ den dritten Kreis senkrecht schneiden und daher ein Durchmesser jenes Kreises sein.

4.2. Der Inversor von Peaucellier

Während des neunzehnten Jahrhunderts bestand ein lebhaftes Interesse an dem Problem der Umwandlung von Drehbewegungen in lineare Bewegungen mit Hilfe mechanischer Gestänge. Zeitweise wurde es nicht für möglich gehalten, daß dies ohne Steuerungen und Kolben oder Vorrichtungen, die indirekt Stöße und Reibungsverluste ergaben, geschehen könnte. Im Jahre 1864 wurde das Problem gelegentlich durch *Peaucellier* gelöst, dessen Gestänge die Tatsache verwendet, daß das Bild eines Kreises durch das Zentrum einer Inversion eine Gerade ist.

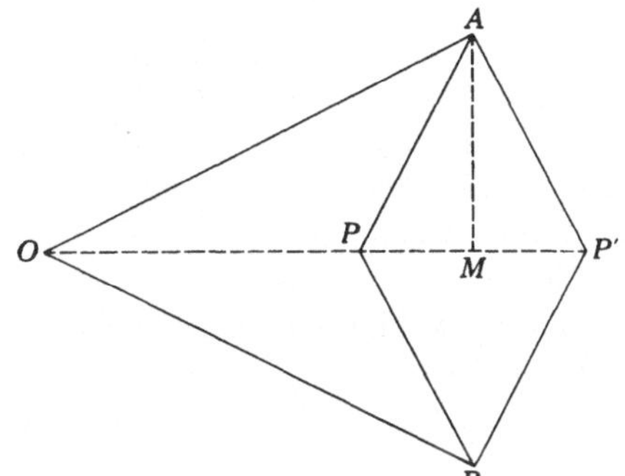

Bild 33

Bild 33 zeigt das Gestänge. Die vier gleich langen Stangen bilden eine Raute. Die beiden längeren Stangen sind gleich lang, $\overline{OA} = \overline{OB}$. Die Stangen sind an den Punkten O, A, B, P und P' drehbar. An der Stelle O sitzt ein fester Drehpunkt (etwa an einer Tafel befestigt); im übrigen ist die Apparatur frei in der Ebene beweglich. Unabhängig von der jeweiligen Lage ist

$$\begin{aligned}\overline{OP}\cdot\overline{OP'} &= (\overline{OM}-\overline{PM})\,(\overline{OM}+\overline{PM}) = \overline{OM}^2-\overline{PM}^2\\ &= (\overline{OA}^2-\overline{AM}^2)-(\overline{AP}^2-\overline{AM}^2)\\ &= \overline{OA}^2-\overline{AP}^2\end{aligned}$$

eine *Konstante,* da $\overline{OA}$ und $\overline{AP}$ Stangen der Anordnung sind. Es ist aber

$$\overline{OP}\cdot\overline{OP'} = \text{constant}$$

alles, was notwendig ist, damit P′ das Bild von P in bezug auf einen Kreis (welcher, das interessiert uns nicht) ist, dessen Zentrum O ist. Können wir es nun erreichen, daß sich P auf einem anderen Kreis durch O bewegt, so wird sich P′ entlang einer Geraden bewegen, die das Bild dieses Kreises ist.

Das ist aber schnell geschehen. Wir brauchen nur eine siebente Stange $\overline{PQ}$ zuzufügen, deren Länge für irgendeinen Punkt Q gleich $\overline{OQ}$ ist. (Bild 34). Wird das Ende dieser Stange bei Q befestigt, so bewegt sich bei der Drehung P auf dem Kreis s durch O. Daher muß sich P′ auf dem Bild von s, d. h. auf der Geraden s′ bewegen.

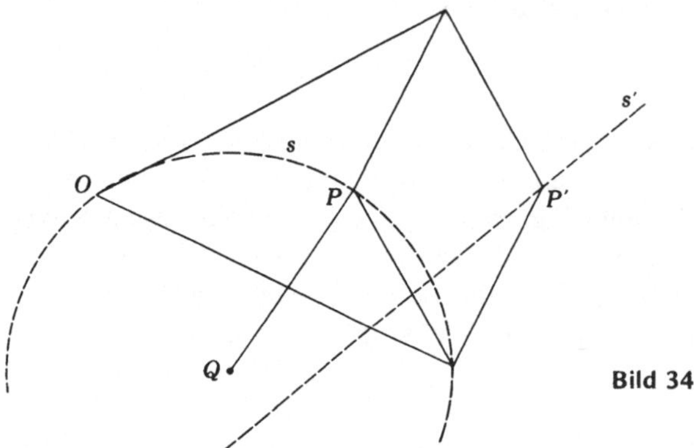

Bild 34

Mit ein paar Stäbchen und Nadeln läßt sich dies Gestänge nachbauen. Man wird dabei feststellen, daß sich der Punkt P nicht auf dem ganzen Kreis s herum bewegen läßt; an einer bestimmten Stelle klemmt es. Es wird erzählt, daß ein gewisser Austauschventilator in der Tat jahrelang im britischen Parlamentsgebäude gearbeitet hat, dessen wesentlicher Bestandteil ein Inversor nach *Peaucellier* war. Mit der Einführung von besseren Schmiermitteln und genaueren Lagerungen, die die Wirksamkeit der gewöhnlichen Pleuelanordnungen erhöhten, hat das Problem für die Praxis an Interesse verloren.

4.3. Das Apollonios-Problem

Eines der aus dem Altertum überlieferten Probleme ist das Berührproblem des *Apollonios*. Dabei geht es darum, zu drei gegebenen Kreisen mit Zirkel und Lineal einen Kreis zu konstruieren, der diese berührt. Die gegebenen Kreise können verschieden groß sein, sich schneiden oder nicht schneiden usw. Natürlich gibt es unmögliche Fälle. Liegt ein Kreis vollständig innerhalb eines anderen, so gibt es keine Lösung. Liegen die Mittelpunkte der drei Kreise auf einer Geraden und sind ihre Radien gleich, so würden die „Lösungskreise" ein Paar Tangenten sein. Es sei dem Leser überlassen, noch weitere Ausnahmefälle zu finden. Im allgemeinen gibt es acht Lösungskreise: Der gesuchte Kreis kann alle drei gegebenen Kreise außen berühren, er kann sie alle innen berühren (so daß er sie alle drei umgibt), er kann zwei außen und einen innen auf drei Arten oder zwei innen und einen außen auf drei Arten berühren.

Dies ist ein Problem, dessen Lösung ohne die Inversion recht schwer ist. Wir werden uns mit der Lösung des ersten Falles beschäftigen, die Lösungen der anderen Fälle verlaufen ähnlich.

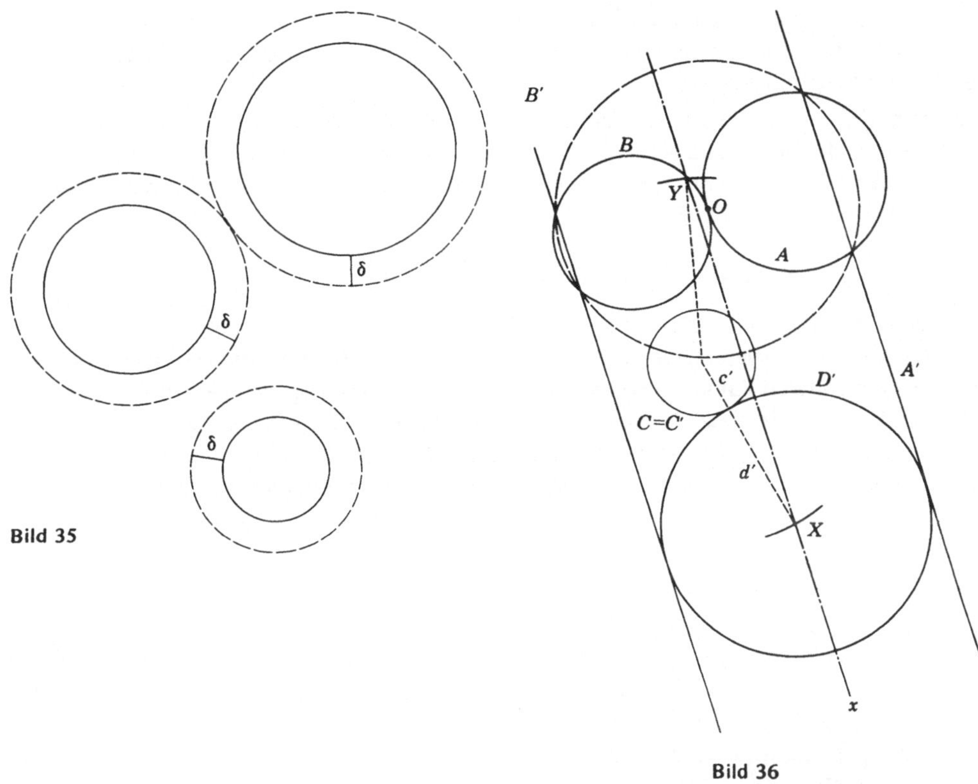

Bild 35

Bild 36

Es seien die drei Kreise in Bild 35 gegeben. Wir nehmen nun Zuflucht zu einer Vereinfachung, die wohl jeder machen würde, der dieses Problem, gleichgültig nach welcher Methode, angehen will. Wir erhöhen die Radien aller drei Kreise um denselben Betrag δ, der so gewählt ist, daß die am nächsten liegenden Kreise sich berühren. Können wir das Apollonios-Problem für die drei neuen Kreise lösen, so wird offensichtlich der *Mittelpunkt* des Lösungskreises derselbe sein wie der für den Lösungskreis des Ausgangsproblems, der *Radius* wird sich davon um δ unterscheiden. So können wir uns der vereinfachten Form in Bild 36 zuwenden.

Wir führen eine Inversion mit dem Zentrum O in bezug auf den gestrichelten Kreis aus. Wir könnten jeden Kreis nehmen; daher werden wir den Kreis als Inversionskreis wählen, der den dritten Kreis C unverändert läßt. Dazu muß der Inversionskreis den Kreis C rechtwinklig schneiden. Die Konstruktion ist in Bild 21, S. 18, beschrieben. Die sich ergebende Figur ist so einfach, daß wir sie in die andere hineinzeichnen können, wobei wir sie durch gestrichene Buchstaben unterscheiden.

Der nächste Schritt besteht in der Bestimmung eines Kreises D', der A', B' und C' berührt. Das ist leicht, weil A' und B' parallel liegen (warum?); daher ist sein Radius d' gleich der halben Entfernung der beiden Parallelen und sein Mittelpunkt liegt auf der Mittellinie x.

Ist c' der Radius von C', dann muß der Kreis mit dem Radius $(c' + d')$ die Gerade x im Mittelpunkt von D' schneiden. Es gibt *zwei* derartige Punkte X und Y. Was bedeutet dabei der zweite Schnittpunkt?

Nun ist nur noch der Kreis D, das Urbild von D' zu bestimmen, damit das Problem wegen der Invarianz der Berührung gelöst ist. Nach Kap. 3 ist dies leicht erledigt. Es ist der Berührkreis für die vereinfachte Apollonios-Figur; die endgültige Lösung erhält man daraus durch Addieren von δ zum Radius.

4.4. Steiner – Ketten

Was geschieht, wenn wir das gesamte Bild 15, S. 14, in bezug auf C invertieren? Alle β-Kreise durch C werden zu Geraden, die nicht durch C verlaufen, aber sie müssen sich alle in einem anderen Punkt schneiden, dem Bild von D. Andererseits werden die α-Kreise zu neuen Kreisen, die diese Geraden rechtwinklig schneiden. So erhalten wir Bild 37, in dem die konzentrischen Kreise die Bilder der α-Kreise und die radial verlaufenden Geraden die Bilder der β-Kreise sind. (Das Bild von C ist natürlich der unendlichferne Punkt.)

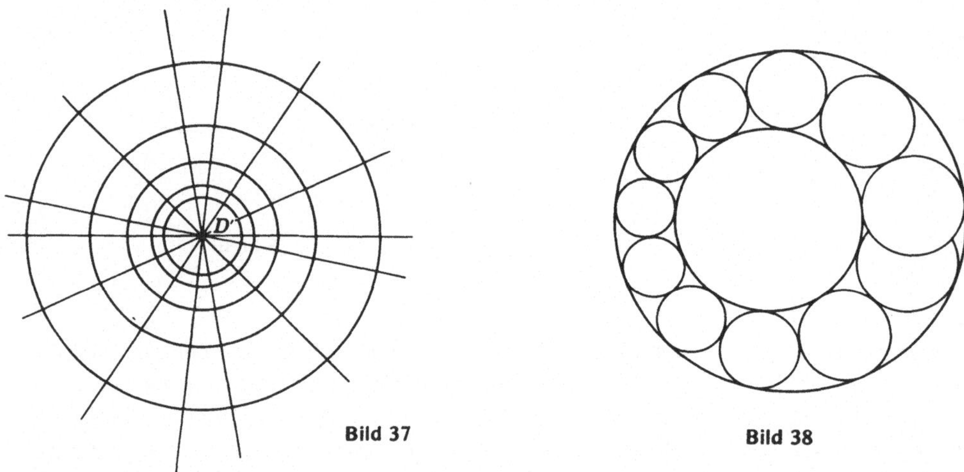

Bild 37

Bild 38

Satz 13: Es ist immer möglich, zwei sich nicht schneidende Kreise in ein Paar konzentrische Kreise zu invertieren.

Beweis: Zeichnen Sie nach S. 14 die Potenzlinie der beiden Kreise und fassen Sie diese als α-Kreise auf. Wählen Sie zwei Punkte auf dieser Potenzlinie als Mittelpunkt von zwei Kreisen, die zu den α-Kreisen rechtwinklig sind (nach Bild 21). Diese sind dann β-Kreise und müssen daher C schneiden. Nun haben wir aber gerade vorher gezeigt, daß beim Invertieren einer Figur in bezug auf C die beiden α-Kreise in zwei konzentrische Kreise übergehen.

Wir sind nun in der Lage, Figuren zu untersuchen, die als Steiner-Ketten von Kreisen bezeichnet werden (nach *Jakob Steiner,* 1796–1863). Es seien etwa zwei ineinander liegende Kreise gegeben. Zwischen diese Kreise können wir ein Kette von Kreisen einschalten, die die beiden Kreise und jeweils die beiden Nachbarkreise berühren. Im allgemeinen wird die

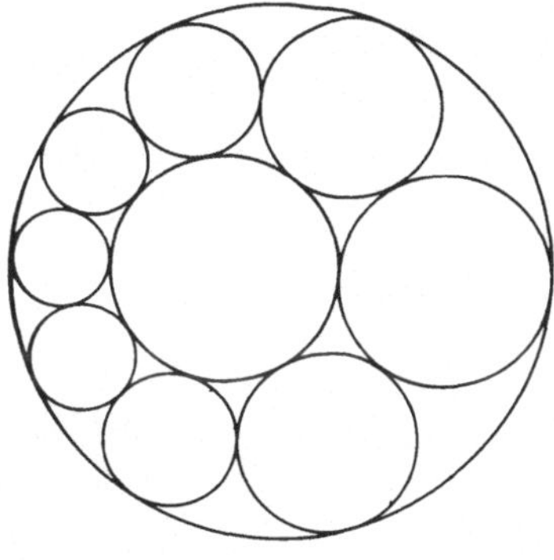

Bild 39

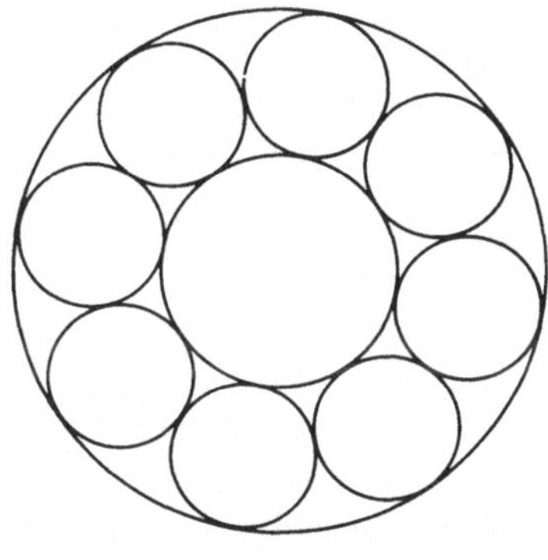

Bild 40

eingeschaltete Kreiskette nicht „auskommen", sondern etwa so wie Bild 38 aussehen. Bei verschiedenen Radien und Anordnungen kann es aber geschehen, daß die Kette sich schließt wie in Bild 39.

Wir seien nun einmal so glücklich, gerade ein Paar von Basiskreisen mit einer geschlossenen Kreiskette gefunden zu haben wie in Bild 39. Nun wird man meinen, daß bei einer wenn auch noch so geringfügigen Veränderung eines Kreises der Kette die Geschlossenheit derselben verloren gehen könnte; mit anderen Worten: Beginnen wir mit einem von den bisherigen Kreisen unterschiedlichen Kreis die Kette, so wird sich die Kette nicht schließen. *Steiner* zeigte, daß diese Vermutung falsch ist: *Es macht keinen Unterschied, wo wir die Kette beginnen.* Gibt es also für zwei gegebene Kreise eine geschlossene Kette, dann ist jede Kette geschlossen, unabhängig davon, wo wir sie beginnen. Diese Eigenschaft ergibt sich sofort nach Satz 13, wenn wir Bild 39 so invertieren, daß die beiden gegebenen Kreise zu konzentrischen Kreisen werden. Dann wird nämlich die Steiner-Kette zu einer Kette von gleichen Kreisen, die zwischen den beiden konzentrischen Kreisen liegen (Bild 40). Diese gleichen Kreise können beliebig herumbewegt werden (wie bei einem Kugellager), und sie können aus unendlich vielen Lagen durch Inversion in unendlich viele Lagen von verschiedenen Steiner-Ketten zurückinvertiert werden wie in Bild 39.

Es gibt sogar Steiner-Ketten, wenn mehr als eine Runde für das Schließen der Kette nötig ist. Selbst wenn es genau $10\frac{1}{2}$ Kreise (siehe Anmerkungen) sein sollen, so würde das bei zweimaligem Umlauf mit einer 21 gliedrigen Kette auskommen. Ist jedoch die Anzahl der Kreise in einem Umlauf eine Irrationalzahl, dann schließt sich die Kette niemals.

4.5. Schustermesser

Die drei Halbkreise, die sich in Punkten auf der gemeinsamen Durchmessergeraden berühren, bilden eine Figur (Bild 41), die man als Schustermesser bezeichnet.

Beschreiben wir in diese Figur eine Kette von Kreisen wie in Bild 42, so finden wir folgende unerwartete Eigenschaft: Die Höhe h_n des Mittelpunktes c_n des nten Kreises C_n über $\overline{OA}$ ist genau gleich $n \cdot d_n$, wobei d_n der Durchmesser von C_n ist. Dies wird durch Inversion an einem Kreis mit dem Zentrum O, der orthogonal zu C_n liegt, bewiesen. Die Figur zeigt

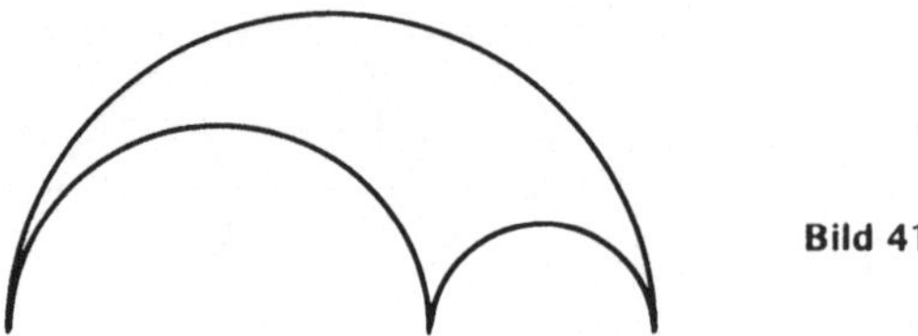

Bild 41

die Inversion für n = 3. Die beiden großen Halbkreise des Schustermessers gehen bei der Inversion in zwei Parallele über, die C_3 wie gezeichnet berühren. C_3 geht in sich selbst über, die anderen Kreise C_2, C_1 und der Halbkreis C_0 invertieren in C_2', C_1' und C_0', wobei die Berührungseigenschaft erhalten bleibt. Daraus folgt $h_3 = 3\,d_3$.

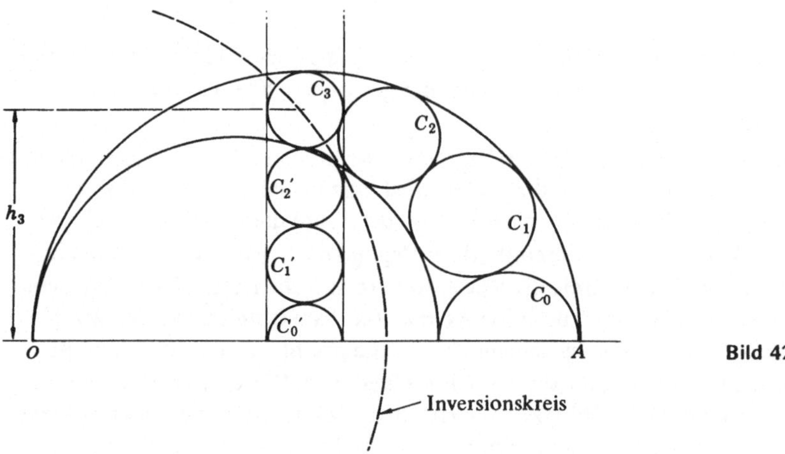

Bild 42

5. Die Sechskugelfigur

5.1. Kegelschnitt-Definitionen

Eine *Ellipse* kann als der Weg eines Punktes definiert werden, für den (in der Ebene) die Summe der Entfernungen von zwei festen Punkten konstant ist. Befestigen Sie zwei Nägel auf einem Zeichenbrett, und an den beiden Nägeln eine Schnur, die länger als die Entfernung der Nägel ist. Nehmen Sie den lockeren Teil mit dem Bleistift auf und ziehen Sie dann unter Spannen der Schnur die Kurve. Diese Kurve ist eine Ellipse (Bild 43), weil die Länge $d_1 + d_2$ der Schnur konstant ist. Die Punkte F_1 und F_2, in denen die Schnur befestigt ist, heißen Brennpunkte.

Eine *Hyperbel* ist ähnlich definiert, mit dem Unterschied, daß das Wort *Summe* durch das Wort *Differenz* ersetzt wird, so daß $d_1 - d_2 = \text{const.}$ ist. (Frage zu Bild 43: Wie wird der andere Zweig erhalten?)

Eine *Parabel* ist die Ortslinie der Punkte, deren Entfernung von einem festen Punkt gleich der Entfernung von einer festen Geraden ist.

Diese drei Kurven (und einige ihrer Sonderfälle) heißen *Kegelschnitte*. Wir werden später sehen, wie sie als Schnitte einer Ebene mit einem Kegel erhalten werden können. Ihre algebraischen Gleichungen sind alle zweiten Grades und ermöglichen so eine einfache analytische Behandlung. Im Augenblick benötigen wir nur einen Satz, der aus den Definitionen folgt.

5.2. Eine Eigenschaft der Ketten

Satz 14: Die Mittelpunkte der Kreise einer Steiner-Kette liegen auf einer Ellipse.

Beweis: Es seien O_1 und O_2 die Mittelpunkte und r_1 und r_2 die Radien der beiden gegebenen Kreise in Bild 44. Ferner sei r der Radius eines *variablen* Kreises mit dem Mittelpunkt P, der die beiden anderen wie schon gezeigt berührt. Äußere Berührung in T_1 be-

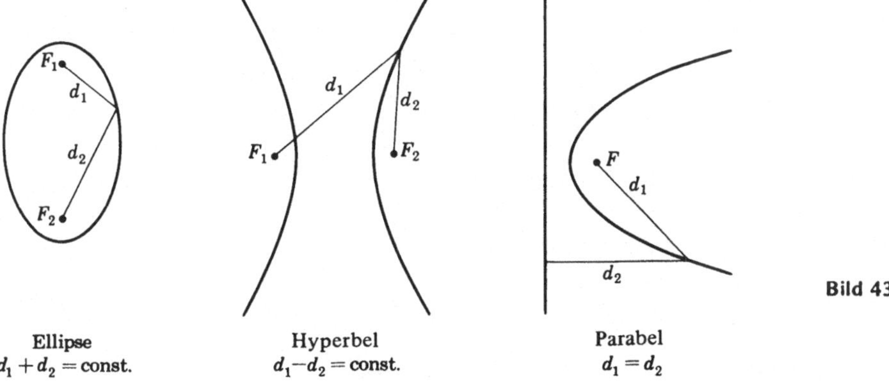

Bild 43

deutet, daß die Verbindung $\overline{PO}_1$ der Mittelpunkte sich aus zwei Radien zusammensetzt, innere Berührung bei T_2 bedeutet, daß P auf dem Radius r_2 liegt. Daher ist

$$\overline{PO}_1 + \overline{PO}_2 = (r_1 + r) + (r_2 - r) = r_1 + r_2 = \text{constant}$$

für alle Lagen von P. Dies ist genau die Definition für eine Ellipse mit den Brennpunkten O_1 und O_2.

Der Satz 14 ist auch anwendbar, wenn die Kette zu den beiden Basiskreisen sich nicht schließt (Bild 38) oder wenn die beiden Basiskreise sich von innen berühren, weil der Beweis nur die Berührung in T_1 und T_2 verwendet. Die beiden Basiskreise können sich sogar in zwei reellen Punkten schneiden (Bild 45); aber nun vertauschen sich die Rollen von r_1 und r_2, wenn P durch einen Schnittpunkt hindurchwandert.

Was geschieht, wenn jeder Basiskreis außerhalb des anderen liegt? Auch hier gibt es unendlich viele Kreise, die den einen Basiskreis außen und den anderen innen berühren (Bild 46). Auf welcher Ortslinie liegen ihre Mittelpunkte?

$$\overline{PO}_2 - \overline{PO}_1 = (r + r_2) - (r - r_1) = r_2 + r_1 = \text{constant.}$$

Diesmal mußten wir die Differenz von zwei Entfernungen nehmen, um eine Konstante zu erhalten. Das ist die Definition einer Hyperbel mit den Brennpunkten O_1 und O_2.

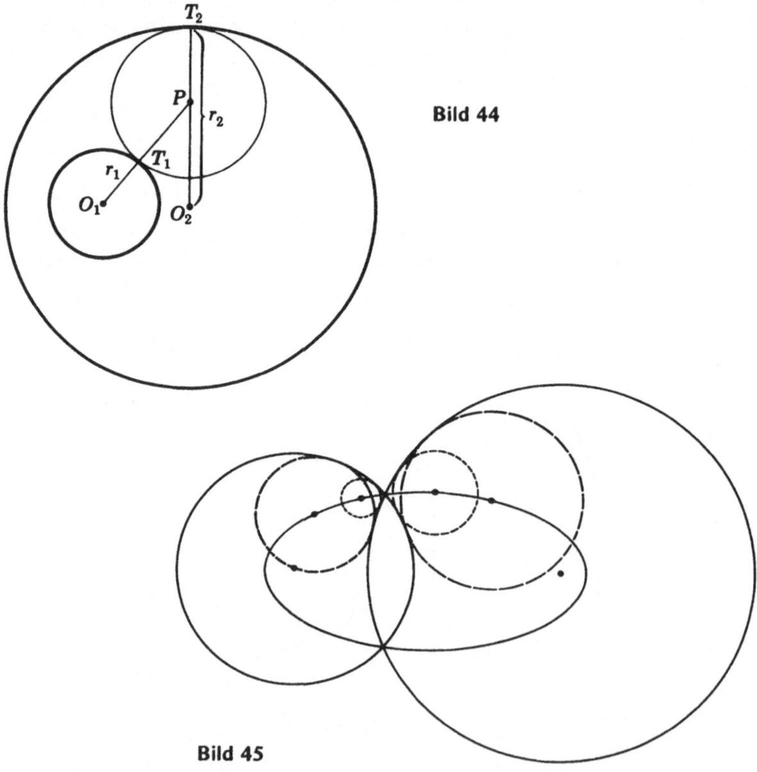

Bild 44

Bild 45

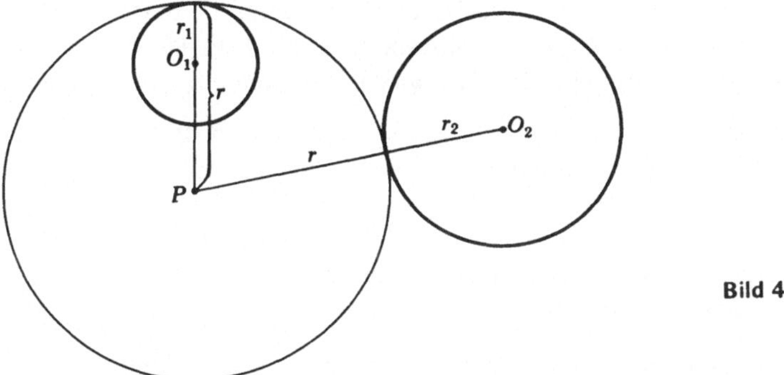

Bild 46

Berührt der variable Kreis die beiden festen Kreise außen (man zeichne die Figur), so lautet die Gleichung

$$\overline{PO_2} - \overline{PO_1} = (r + r_2) - (r - r_1) = r_2 - r_1,$$

was eine andere Konstante ergibt, so daß wir nun eine davon verschiedene Hyperbel erhalten. Für irgendeinen Kegelschnitt muß man sich vorübergehend auf *einen* der vier möglichen Fälle von Berührung festlegen: außen zu O_1 und O_2, innen zu beiden; außen zu O_1, aber innen zu O_2; außen zu O_2 und innen zu O_1. In diesem Sinne kann man dies zusammenfassen in dem

verallgemeinerten Satz 14: Die Mittelpunkte aller Kreise, die zwei feste Kreise berühren, liegen auf einem Kegelschnitt.

Wir haben Ellipsen und Hyperbeln erhalten, Frage: Gibt es auch den Fall der Parabel?

5.3. Soddys Sechskugelfigur

Was entspricht nun im dreidimensionalen Raum dem Apollonios-Problem mit den drei Kreisen? Wir bemerken sofort beim Übergang von den Kreisen zu den Kugeln, daß die Zusatzdimension eine unendliche Menge von Kugeln ergibt, die drei gegebene Kugeln berühren können. Ist es nun im allgemeinen möglich, eine Kugel zu finden, die jede von *vier* gegebenen Kugeln A, B, C und D berührt? Wir gehen den in den Anmerkungen erwähnten Weg: Alle vier Radien vermindern wir um den Radius der kleinsten Kugel D, so daß D zu einem Punkt zusammenschrumpft; danach führen wir eine dreidimensionale Inversion mit diesem Punkt als Zentrum aus. Ohne Beweis können wir folgende offensichtliche Analogien feststellen: An die Stelle des Inversionskreises tritt eine Inversionskugel; Kugeln werden in Kugeln abgebildet mit Ausnahme der Kugeln durch das Zentrum, die in Ebenen durch das Zentrum übergehen. Diese Inversion bildet die drei Kugeln A, B und C in drei Kugeln A′, B′ und C′ ab. Nun betrachten wir eine Ebene, die A′, B′ und C′ berührt (es gibt 16 derartige Ebenen). Diese Ebene wird im allgemeinen nicht durch D verlaufen. Invertieren wir daher die Kugeln in ihre Originale zurück, so wird aus dieser Ebene eine fünfte Kugel, die durch D verläuft und A, B und C berührt. Vergrößern wir nun die Radien auf ihre ursprüngliche Länge und verkleinern den Radius von E entsprechend, so ist das Problem gelöst.

Das Analogon einer Steiner-Kette wird Soddys Sechskugelfigur genannt. Sie besteht aus einem Armband von Kugeln, die alle drei gegebenen Kugeln A, B und C berühren und von denen jede ihre beiden Nachbarkugeln berührt. Wir wählen *irgendeine* Kugel S_1, die A, B und C berührt. Dann können wir eine weitere Kugel S_2 finden, die A, B, C und S_1 berührt, dann eine dritte, die A, B, C und S_2 berührt usw. Wird aber S_n, die „letzte" Kugel, auch S_1 berühren und damit das Armband schließen? Man wir natürlich denken, daß dies im allgemeinen nicht der Fall sein wird. Aber anders als bei den Steiner-Ketten, und das ist das Erstaunliche daran, schließt sich das Armband stets und enthält genau sechs Kugeln! Daher der Name *Sechskugelfigur.*

Am anschaulichsten ist es, wenn man A und B sehr viel größer als C wählt. Dann entsteht eine Höhlung zwischen den drei sich berührenden Kugeln. Die sechs Kugeln umgürten C und winden sich durch die Höhlung hindurch.

Der Beweis der Sechskugeleigenschaft ist bemerkenswert einfach. Wir invertieren die Figur aus den vier sich berührenden Kugeln A, B, C und S_1 in bezug auf den Berührpunkt von A und B. Dann gehen A und B in parallele Ebenen über (siehe das Apollonios-Problem) und das Bild von C ist eine Kugel C', die zwischen den beiden Ebenen liegt und beide berührt. S_1 berührt alle drei Kugeln und geht daher in eine zu C' kongruente Kugel über, die ebenfalls zwischen den Ebenen liegt und C' berührt. Dies geschieht unabhängig von der ursprünglichen Größe von S_1. Nun können genau fünf weitere kongruente Kugeln um C' herum zu einem geschlossenen Band hinzugefügt werden, deren Zentren die Ecken eines regelmäßigen Sechsecks bilden. Probieren Sie dies aus, indem Sie sechs Tennisbälle um einen siebenten herum auf den Tisch legen (oder sechs 10-Pf-Münzen um eine siebente herum). Wird diese Figur dann in die Originalfigur zurückinvertiert, so bilden diese sechs Kugeln die so benannte Figur.

Prof. *Frederick Soddy* (Oxford) entdeckte diese Konfiguration 1936 unter erschwerten Umständen ohne die Hilfe der Inversion und veröffentlichte Einzelheiten über die Größen jener besonderen Sechskugelfiguren, deren Kugelradien *Kehrwerte von ganzen Zahlen* sind. Bild 47 versucht, eine derartige Sechskugelfigur darzustellen. A und B sind Kugeln mit dem Radius $\frac{1}{2}$, die die Zeichenebene im Punkte O berühren, die eine von oben, die andere von unten. Die gestrichelte Linie zeigt ihre Umrandung, wenn man senkrecht zur Zeichenebene blickt. Der Kreis C hat den Radius $\frac{1}{11}$. Die anderen Kugeln mit den angegebenen Radien gehören zur Sechskugelfigur. Alle haben wie C ihre Mittelpunkte in der Zeichenebene. Unter anderem hat *Soddy* gezeigt, daß diese sechs Kugeln mit den angegebenen Größen sowohl die Kugeln A und B als auch die Kugel C berühren.

Unter diesem Gesichtspunkt können wir die Sechskugelfigur als sechs Kugeln eines „fließenden" Armbandes ohne feste Radien ansehen. So zeigt Bild 47 gerade eine von unendlich vielen Lagen von (sich notwendigerweise verändernden) sechs Kugeln, die um C herumrollen in der gleichen Weise wie bei den unendlich vielen Lagen bei einer Steiner-Kette. Jede der sechs Kugeln berührt ihre beiden Nachbarkugeln, und alle sechs berühren stets A, B und C, die wir als die *Festkugeln (Fixkugeln)* bezeichnen. Die symmetrische Figur, die daraus durch Inversion an dem Berührungspunkt O von A und B hervorgeht, werden wir als die invertierte Sechskugelfigur oder als ihr invertiertes Bild bezeichnen.

Die Punkte, in denen sich die sechs gleichen Kugeln der invertierten Figur berühren, liegen auf einem Kreis, der alle sechs Kugeln in diesen Berührpunkten senkrecht durchsetzt. Der Kreis geht bei der Inversion in einen Kreis über, wobei die Orthogonalität und die Berührung erhalten bleiben. Daraus folgt für die Original-Sechskugelfigur, daß die sechs Berührpunkte ebenfalls auf einem Kreis und die *Mittelpunkte* der sechs Kugeln in einer Ebene liegen. Da nichts über die Größenverhältnisse von A, B und C gesagt wurde, so trifft dies für *jede* Sechskugelfigur zu, daß ihre Mittelpunkte in einer Ebene liegen.

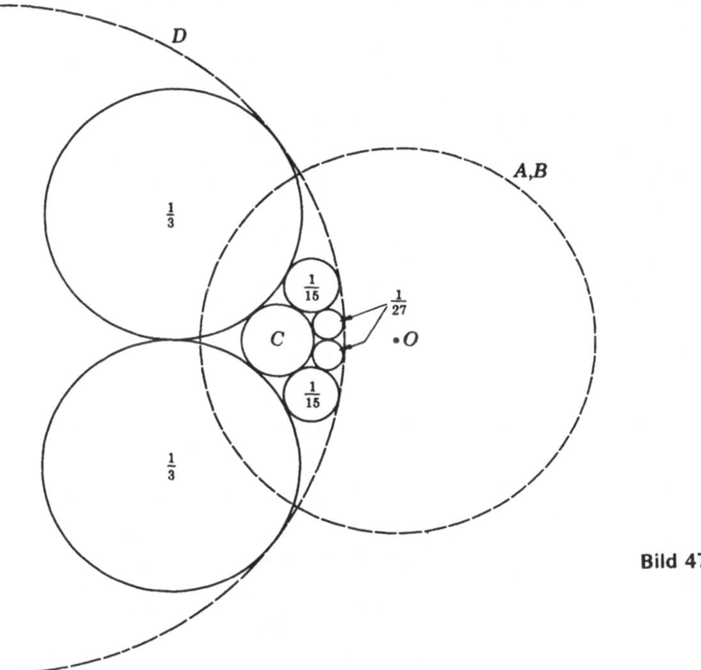

Bild 47

In der invertierten Figur gibt es noch eine zu C′ konzentrische Kugel D′, die die Sechskugelfigur umgibt und alle sechs Kugeln berührt. Im Sonderfall des Bildes 47, in dem bei der Inversion die zentrale Ebene (die Zeichenebene) erhalten bleibt, ist D′ das Bild einer Kugel D, die die Sechskugelfigur umgibt und von der ein Querschnitt in der Figur gestrichelt eingezeichnet ist. Nach Satz 14 liegen die Mittelpunkte bei dieser besonderen Sechskugelfigur auf einer Ellipse, deren Brennpunkte die Mittelpunkte von C und D sind. Wir werden bald sehen, daß die Mittelpunkte einer Sechskugelfigur stets auf einer Ellipse liegen, auch wenn A und B nicht die gleiche Größe haben.

Bild 47 zeigt, daß offenbar die Größe von S_1 begrenzt sein muß, obgleich wir mit irgendeiner Kugel S_1 in dem fließenden Armband der Kugeln beginnen können. S_1 darf nicht so klein sein, daß sie durch die Höhlung zwischen A, B und C hindurchfallen kann. Das ergibt eine untere Grenze für den Durchmesser von S_1. In dem besonderen Fall der Kugeln A, B und C des Bildes 47 gibt es auch eine obere Grenze. Die Kugel C ist so zwischen A und B gelagert, daß eine zu große Kugel S_1 durch A und B gehindert wird, die Kugel C zu berühren. Die Grenzlagen ergeben die kleinsten und größten Durchmesser der Steiner-Kette auf dem Wege rund um die festen Kreise C und D.

5.4. Einige neue Sechskugelfiguren

Wir betrachten nun ein neues Trio von festen Kugeln mit einer größeren Kugel C. Wir stellen uns vor, daß C so groß ist, daß die Projektion *außerhalb* des Umrisses von A und B fällt. „Dann gibt es keine Sechskugelfigur“, meinte Prof. *Soddy*. Er überlegte sich diese Schwierigkeit und betrachtete den Grenzfall, in dem C so groß wird, daß C mit A und B eine Tangentialebene gemeinsam hat (Bild 48). Nach seiner Meinung können wir nur eine Sechskugelfigur erhalten, wenn die drei festen Kugeln zu Beginn passend gewählt werden. Aber wie kann dies sein?

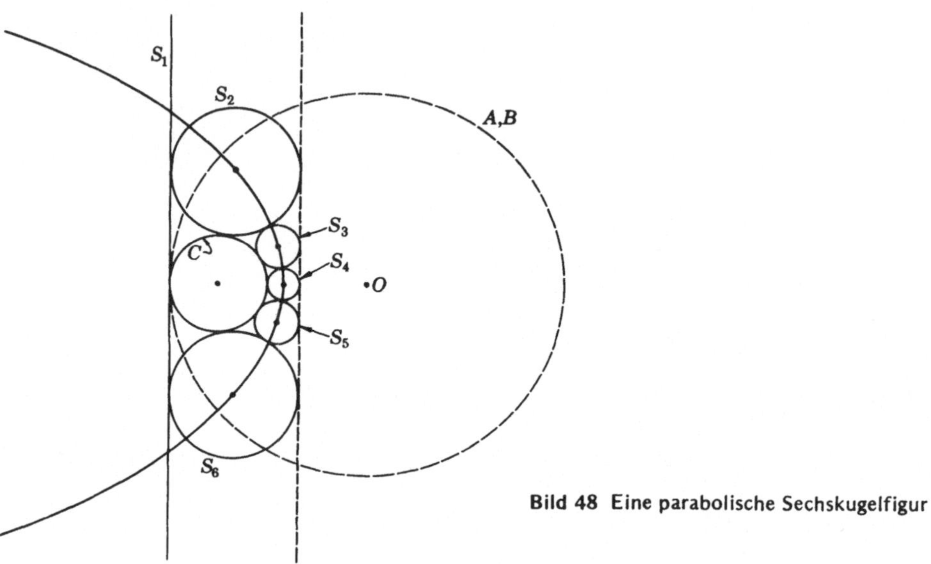

Bild 48 Eine parabolische Sechskugelfigur

Unser früherer Beweis mit Hilfe der Inversion hängt nicht von den Größen der drei Kugeln A, B und C ab: In der invertierten Figur gibt es *stets* eine Sechskugelfigur.

Laßt uns einmal eine Sechskugelfigur mit einem „zu großen“ C wie in Bild 49 konstruieren. Der Einfachheit halber nehmen wir weiterhin A und B als gleich groß und sich in O berührend an wie in Bild 47, obwohl die Diskussion im wesentlichen unverändert bleibt, wenn A, B, C unterschiedliche Radien haben. Die gegenseitigen Berührpunkte der sechs Kugeln in Bild 49 liegen immer noch auf einem Kreis. Auf die Ortslinie ihrer Mittelpunkte werden wir gleich zu sprechen kommen. Nun versuchen wir, die Kugeln um C gegen den Uhrzeigersinn herumfließen zu lassen. Wir brauchen nicht weit zu gehen, damit S_1 eine *Ebene* wird und dann ihre *Krümmung umkehrt* (Bild 50). Später durchläuft S_1 noch einmal das Stadium der Ebene und kehrt zu ihrer alten Krümmung zurück. Bei jedem Umlauf kehrt jede Kugel das Innere sozusagen zweimal nach außen.

Es ist klar, warum *Soddy* diesen Fall nicht betrachtete. Er war ein Physiker und er dachte sich seine Kugeln als „Perlen eines Armbandes“. Aber es stellte sich heraus, daß gerade diese übersehenen Sechskugelfiguren geometrische Eigenschaften haben, die gewisse Neugierde erregen.

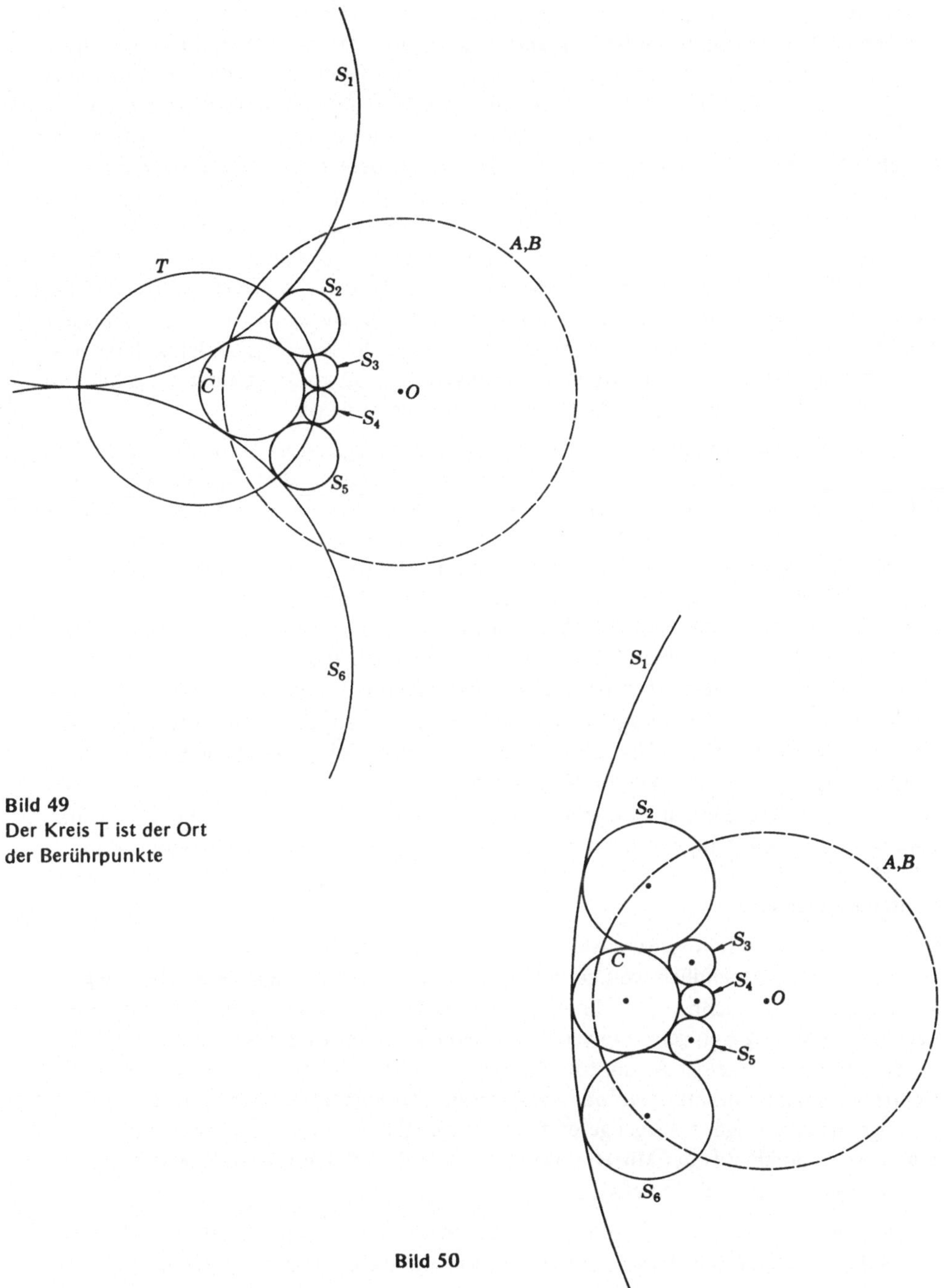

Bild 49
Der Kreis T ist der Ort
der Berührpunkte

Bild 50

Wie ist dies alles möglich, wenn es nicht in der invertierten Figur geschieht, wo die Kugeln gemächlich herumfließen wie Bälle in einem Ballspiel? Die Antwort ergibt sich daraus, daß eine Kugel der Sechskugelfigur eine Ebene wird und dann ihre Krümmung umkehrt, sofern ihr Bild *durch das Inversionszentrum verläuft.* In einer Sechskugelfigur nach Soddys Art ist C von einer solchen Größe, daß die gesamte invertierte Figur niemals durch O geht. Wir haben nun in unserer Inversionskugel mit dem Zentrum O freie Wahl, wir wählen die Kugel, die orthogonal zu C ist, so daß bei der Inversion C in sich selbst übergeht. Dann beträgt der kritische Radius von C ein Viertel des Radius von A (oder B), denn dann wird jede Kugel der invertierten Figur gerade groß genug, um beim Vorbeigehen durch C zu verlaufen. Dies ist Soddys Grenzfall, denn das inverse Bild einer Kugel beim Vorbeistreifen am Inversionszentrum ist vorübergehend die Vertikalebene links in Bild 48, danach wird daraus wieder eine Kugel gleicher Krümmungsart. Ist andererseits C noch größer, dann muß jede Kugel der inversen Figur O vorübergehend umgeben, in welcher Zeit das Original von entgegengesetzter Krümmung ist.

Wo liegen nun die Mittelpunkte bei dieser neuen Sechskugelfigur? Wenn A und B nicht gleich groß sind, können wir die frühere Methode verwenden. Alles, was wir wissen, ist, daß die Mittelpunkte in einer Ebene liegen. Wir betrachten zwei feste Kugeln verschiedener Größe, die sich von außen berühren, dazu eine variable Kugel, die beide berührt, aber dabei ihren Mittelpunkt in einer Ebene behält. Nach dem verallgemeinerten Satz 14 ist dann die Ortslinie des Mittelpunktes der variablen Kugel eine Hyperbel mit den Brennpunkten in den Mittelpunkten der beiden festen Kugeln. Lassen wir nun die Beschränkung, daß der Mittelpunkte der variablen Kugel in einer Ebene bleiben soll, weg, so ist der Ort der Mittelpunkte ein *Rotationshyperboloid* mit demselben Brennpunkt wie vorher. Daher müssen die Mittelpunkte aller Sechskugelfiguren ohne Rücksicht auf die dritte feste Kugel auf diesem Hyperboloid liegen. Überdies liegen sie in einer Ebene. Der ebene Schnitt eines Rotationshyperboloids ist aber ein Kegelschnitt.

Bei Soddys Sechskugelfigur ist dieser Kegelschnitt eine Ellipse, im Grenzfall ist es eine Parabel und in dem Fall, wo sich die Krümmung umkehrt, ist es eine Hyperbel. Man könnte daher die Sechskugelfigur entsprechend als elliptisch, parabolisch oder hyperbolisch bezeichnen.

Es ist instruktiv, diese Kegelschnitte zu skizzieren. In Bild 48 müssen die Mittelpunkte in einer Richtung unendlich weit zurücktreten und kehren dann aus dieser Richtung zurück. Dies ist bezeichnend für die Art und Weise, mit der die Parabel sich ins Unendliche erstreckt. Dagegen geht im hyperbolischen Fall der Mittelpunkt entlang eines Hyperbelastes in Richtung einer Asymptote „ins Unendliche“, wenn die fragliche Kugel eine Ebene wird, dann kommt er *auf dem anderen Ast* der Hyperbel zurück und bleibt darauf so lange, wie die Kugel entgegengesetzt zur ursprünglichen Krümmung gekrümmt ist. In dieser Weise durchläuft der Mittelpunkt irgendeiner Kugel den ganzen Kegelschnitt, während sein Kugelbild einmal C′ umläuft.

Bei einer elliptischen Sechskugelfigur liegt das Inversionszentrum O stets außerhalb jeder Kugel der inversen Figur. Es gibt daher zwei Kugeln, die beide alle sechs Kugeln der inversen Figur berühren und durch O verlaufen. Die Originalfiguren dieser sechs Kugeln sind Ebenen, die nicht durch O verlaufen, aber die Original-Sechskugelfigur berühren.

Eine elliptische Sechskugelfigur paßt daher zwischen ein von zwei Tangentialebenen gebildetes „V". Lassen wir die Größe von C zunehmen, so daß die elliptische Sechskugelfigur sich der parabolischen nähert, so nähern sich die beiden Ebenen mehr und mehr; im parabolischen Fall fallen sie zusammen und kommen in die Lage, wie sie in Bild 48 durch die gestrichelt gezeichnete vertikale Gerade angedeutet wird. In der inversen Bildfigur zu dieser Lage sind die beiden umgebenden Berührkugeln in eine durch O verschmolzen. Im hyperbolischen Fall kann es keine Kugeln dieser Art geben.

Jede invertierte Sechskugelfigur besitzt eine unendliche Anzahl von Kugeln, die sie umgeben und berühren. Ihre Mittelpunkte liegen auf einer Senkrechten zur Zentralebene durch den Mittelpunkt von C'. Alle nicht durch O gehenden Kugeln werden in Kugeln zurückinvertiert, die die ursprüngliche Sechskugelfigur berühren, und im elliptischen Fall spielt eine Kugel die Rolle des äußeren festen Steiner-Kreises.

Es sollen nun Sechskugelfiguren zu denselben festen Kugeln A und B betrachtet werden, jedoch bei wachsender Größe der Kugel C. Natürlich liegen A, B, C für eine Sechskugelfigur fest. Wenn wir also C als veränderlich ansehen, so fragen wir danach, wie sich die Größenänderung von C auf die sich jeweils ergebende Sechskugelfigur auswirkt. Strebt der Radius von C gegen unendlich, so daß C zur Ebene wird, so bewegt sich das Bild C' gegen O und geht durch O hindurch, wenn C eine Ebene ist. Bewegt sich C' weiter, wobei nun O im Innern liegt, so kommt C nun als eine Kugel mit entgegengesetzter Krümmung zurück und *umgibt* die 6 Kugeln und A und B. Die Kugel C entspricht dem äußeren Steiner-Kreis. Interessanterweise war dies Soddys Ausgangspunkt. Er bezeichnete dies als den „einfachsten Fall einer Sechskugelfigur". In Bild 51 hat C den Radius 1, die Kugeln A und B, die das Zeichenblatt von oben und unten in O berühren und gestrichelt gezeichnet sind, haben den Radius $\frac{1}{2}$ und die Kugeln der Sechskugelfigur den Radius $\frac{1}{3}$.

Wir haben bereits bemerkt, daß die sechs gegenseitigen Berührpunkte jeder Sechskugelfigur auf einem Kreise liegen. Es gibt jedoch einen Fall, wo diese Feststellung nicht zutrifft, es sei denn, wir sehen eine Gerade als Sonderfall eines Kreises an: nämlich dann, wenn der Kreis, auf dem die Berührpunkte liegen, in der invertierten Figur *durch* O *ver-*

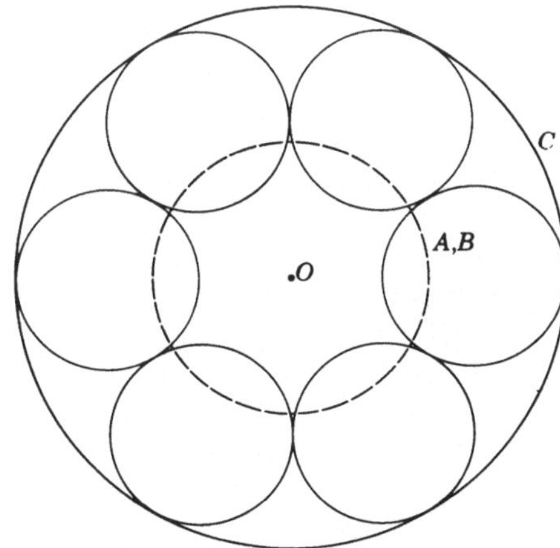

Bild 51

läuft. Dann ist das Urbild des Kreises eine gerade Linie, auf der die gegenseitigen Berührpunkte und die sechs Mittelpunkte der Sechskugelfigur liegen. Das tritt genau dann ein, wenn die drei festen Kugeln A, B und C gleich groß sind. Wir wollen einmal das Verhalten einer Kugel S_1 verfolgen, wenn sich S_1 hin und her bewegt, um einen „Umlauf" bei dieser besonderen geradlinigen Sechskugelfigur zu vollenden.

Die Kugel S_1 ist klein, wenn sie durch die Höhlung zwischen den drei gleichgroßen Kugeln hindurchgeht, und wächst bis zu einem unendlich großen Radius, wenn sie zu einer Berührebene von ihnen wird. Dann geht ihr durch Inversion erzeugtes Bild durch O. Überdies liegt nun O genau an einem Berührpunkt mit einer Nachbarkugel, sagen wir

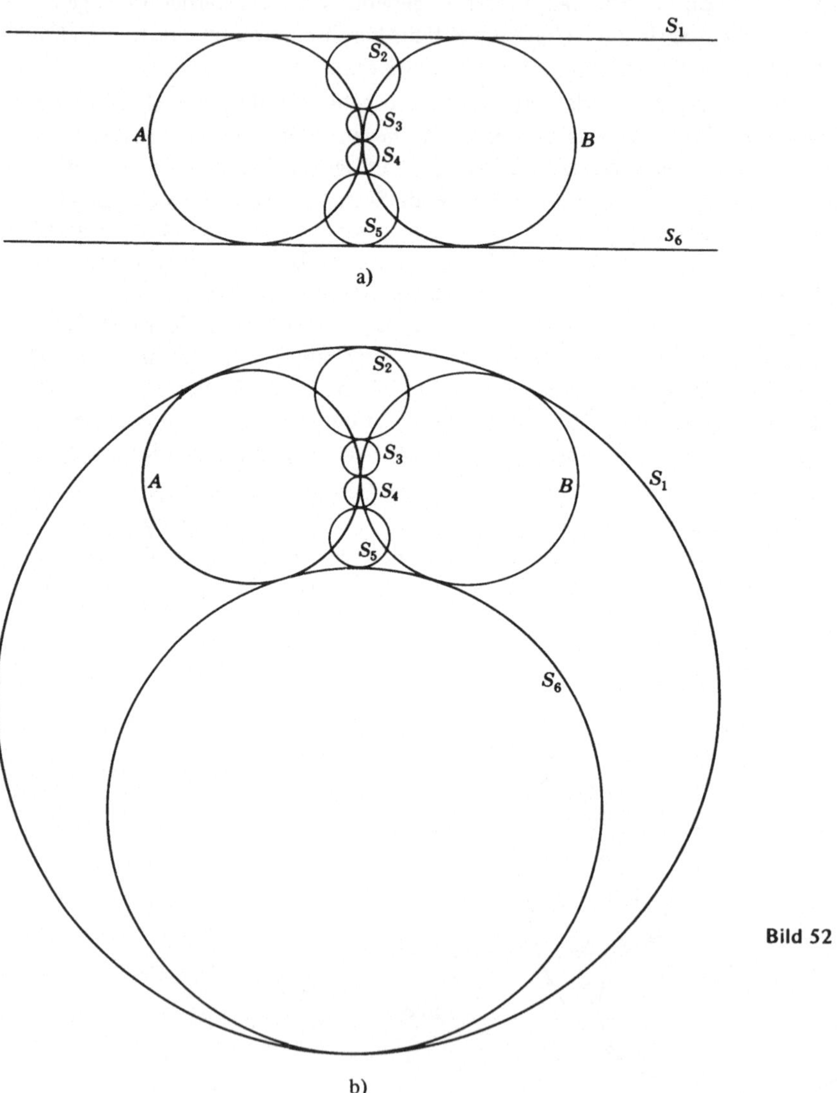

Bild 52

S'_6. Daher ist in diesem Augenblick S_6 ebenfalls eine Ebene, die A, B und C berührt, wie es in Bild 52a) angedeutet ist. Setzt nun S_1 seinen Weg fort, so geht die Krümmung in die entgegengesetzte über und S_1 umgibt nun alle anderen 8 Kugeln und wird von A, B, C, S_2 und S_6 (Bild 52b) innen berührt. Wächst S_2 weiter und geht nach oben, dann schrumpft S_6, und S_1 nimmt mehr und mehr die vorher von der Berührebene S_6 in Bild 52a) gehaltene Lage an. Dann ändert S_1 wiederum die Krümmung in die entgegengesetzte und schrumpft, um durch die Höhlung gelangen und eine neue Rundwanderung beginnen zu können.

Bei genauer Verfolgung des Weges wird man feststellen, daß der Mittelpunkt die ganze unendliche Gerade von einem Ende zum anderen für die volle Rundwanderung zweimal durchlaufen hat. Dies sieht nach einem Durchlaufen wie beim hyperbolischen Fall aus; in der Tat wird die Gerade der Mittelpunkte als eine entartete Hyperbel aufgefaßt, als ein Grenzfall, bei dem die Hyperbel in zwei zusammenfallende Geraden entartet ist.

Es gibt noch sicherlich mancherlei über die Sechskugelfigur zu sagen, weitere Eigenschaften bleiben zu entdecken. Ich hoffe, daß der Leser versuchen wird, eigene Untersuchungen anzustellen. Hier ist eine beinahe unerforschte Ecke der Geometrie, wo jemand mit geringen mathematischen Vorbereitungen seinen Weg machen und einige Schätze heben kann, die die Mühe lohnen – keine großen Schätze vielleicht, aber solche von erlesener Qualität und erfreulichem Glanz.

6. Die Kegelschnitte

Wir werden nun einige weitere Eigenschaften der am Anfang des Kapitels 5 definierten drei Kurven untersuchen.

6.1. Die Spiegel-Eigenschaft

Satz 15a: Die Ortslinie für die Mittelpunkte eines veränderlichen Kreises, der einen festen Kreis berührt und durch einen Punkt im Innern dieses Kreises geht, ist eine Ellipse.

Dies ist eine Folge des Satzes 14, wenn wir r_1 null werden lassen. Wir können den Satz auch unabhängig davon beweisen. In Bild 53 ist V der veränderliche Kreis, F der feste Kreis und O_1 der feste Punkt. Dann gilt

$$\overline{PO_1} + \overline{PO_2} = r + \overline{PO_2} = \overline{TO_2} = \text{constant}$$

für alle Lagen von P.

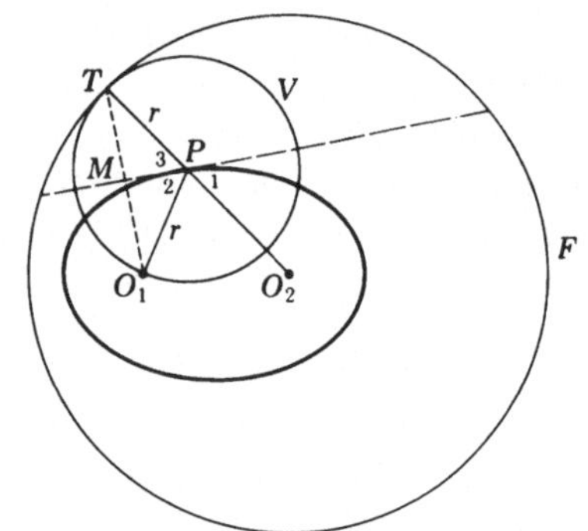

Bild 53

Schneiden Sie aus einem Stück Papier eine Kreisscheibe aus (mit etwa 10 cm Radius) und markieren Sie darauf irgendwo nur nicht im Zentrum einen Punkt O_1. Falten Sie dann das Papier so, daß ein Punkt des Kreisrandes mit O_1 zusammenfällt. Entfalten Sie das Papier und wiederholen Sie diesen Vorgang mehrere Male, dabei immer andere Randpunkte benutzend. Sie werden finden, daß die Falten die Ellipse nach Satz 15a einhüllen.

Um dies einzusehen, betrachten wir einen Punkt T des Kreises V. O_1 ist ein zweiter Punkt auf diesem Kreis. Die einzige Möglichkeit, die beiden Randpunkte zur Deckung zu bringen, besteht in einem Falten längs eines Kreisdruchmessers. Daher geht die Faltgerade durch P. Überdies ist sie die Tangente in P an die Ellipse. Anderenfalls würde die Faltgerade die Ellipse noch einmal in einem *anderen* Punkt P′ schneiden, der der Mittelpunkt eines anderen Kreises wäre, der in T den Kreis F berühren und durch O_1 gehen würde. Das aber ist unmöglich.

Die Dreiecke O_1PM und TPM stimmen in drei entsprechenden Seiten überein und sind damit kongruent. Daher ist $\sphericalangle 2 = \sphericalangle 3$. Ferner ist $\sphericalangle 1 = \sphericalangle 3$ als Scheitelwinkel und daher auch $\sphericalangle 1 = \sphericalangle 2$, womit wir eine Eigenschaft der Ellipse entdeckt haben: Die Brennstrahlen eines Ellipsenpunktes bilden mit der Tangente in diesem Punkt gleiche Winkel. Wäre die Ellipse ein Spiegel, wo würde ein von einem Brennpunkt ausgehender Lichtstrahl in den anderen Brennpunkt zurückgeworfen. (Wie würde er dann weitergehen?)

Satz 15b: Bewegt sich ein veränderlicher Kreis so, daß er einen festen Kreis berührt und dabei durch einen festen Punkt außerhalb desselben geht, dann ist die Ortslinie seiner Mittelpunkte eine Hyperbel.

In Bild 54 ist O_1 der feste Punkt, und es gilt

$$\overline{PO_2} - \overline{PO_1} = \overline{PO_2} - r = \overline{TO_2} = \text{constant.}$$

Das entsprechende Papiermodell kann dadurch hergestellt werden, daß man an die Kreisscheibe eine Lasche anbringt, auf der O_1 zu liegen kommt. Bringt man dann O_1 mit T durch Falten zur Deckung, so verläuft die Faltgerade durch P und aus denselben Gründen wie früher berührt sie die Hyperbel in P. Da $\sphericalangle 1 = \sphericalangle 2$, bilden die beiden Brennstrahlen gleiche Winkel mit der Kurve; da sie aber auf verschiedenen Seiten der Kurve liegen, ist diesmal keine Spiegelung vorhanden.

Bewegt sich der Punkt T um den festen Kreis herum, gelangt er an eine Stelle, hinter der es für den bewegten Kreis nicht länger möglich ist, den festen Kreis in T von außen zu berühren. Das heißt, der bewegte Kreis wird dort zu einer Geraden oder einem Kreis mit unendlichem Radius. Sein Mittelpunkt, den wir weiterhin auf der Hyperbel annehmen, bewegt sich in das Unendliche. So sind die beiden Mittelsenkrechten der Tangenten von O_1 an den Kreis die Asymptoten der Hyperbel. Um „auf den anderen Ast" der Hyperbel zu gelangen, muß P der Mittelpunkt eines Kreises werden, der in seinem Innern von dem festen Kreis berührt wird. Ich überlasse es dem Leser, die interessante Figur zu vollenden.

Die Parabel ist der leichteste Fall:

Satz 15c: Bewegt sich ein veränderlicher Kreis so, daß er eine feste Gerade berührt und durch einen festen, nicht auf dieser Geraden liegenden Punkt geht, dann ist die Ortslinie seiner Mittelpunkte eine Parabel.

Beweis (Bild 55):

$$d_1 = r = d_2.$$

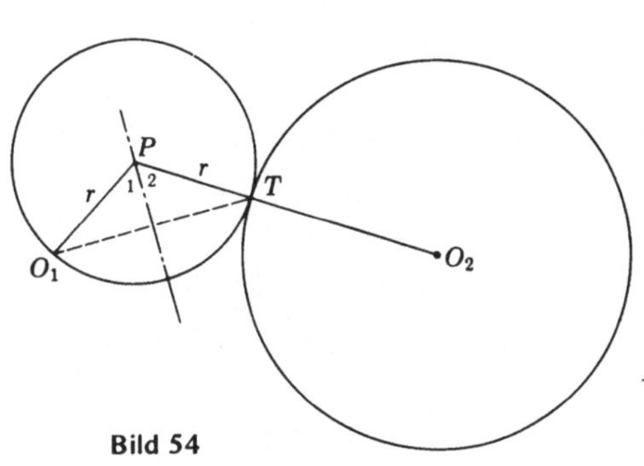

Bild 54

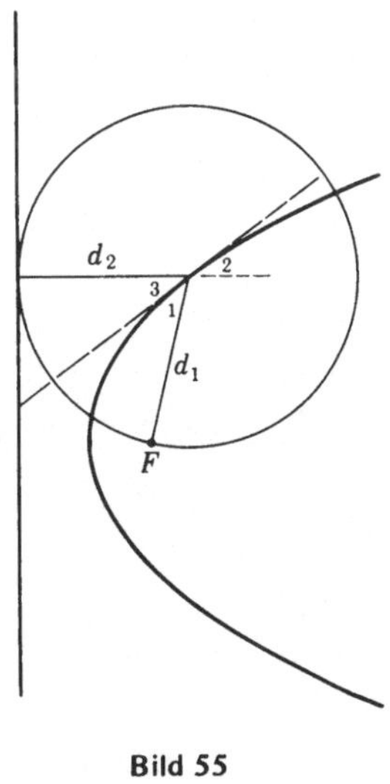

Bild 55

Nach entsprechenden Betrachtungen wie bei der Ellipse erhalten wir $\sphericalangle 1 = \sphericalangle 2$. Das bedeutet, daß an einem Parabolspiegel das von einem Brennpunkt ausgestrahlte Licht parallel zur Parabelachse reflektiert wird. Das ist nicht nur mathematisch interessant, es hat auch eine ungeheuer praktische Bedeutung. Diese Eigenschaft macht die Autoscheinwerfer möglich, deren Spiegel die Form von Rotationsparaboloiden haben, und sie wird im umgekehrten Sinne bei parabolischen Teleskopen und Radarschirmen verwendet.

6.2. Konfokale Kegelschnitte

Aus der Spiegel-Eigenschaft erhalten wir den

Satz 16:

a) Irgendzwei sich schneidende konfokale Mittelpunktskegelschnitte sind orthogonal.
b) Irgendzwei konfokale Parabeln mit gleicher Achse sind orthogonal.

Mittelpunktskegelschnitte sind Ellipsen und Hyperbeln. Zwei Ellipsen mit gleichen Brennpunkten schneiden sich niemals; daher ist einer der beiden konfokalen Kegelschnitte eine Ellipse und der andere eine Hyperbel, so daß wir eine Lage wie in Bild 56 erhalten. Daraus ergibt sich sehr schnell der Beweis von Satz 15a:

$\sphericalangle 1 = \sphericalangle 3$ (Ellipsen-Eigenschaft),

$\sphericalangle 2 = \sphericalangle 4$ (Hyperbel-Eigenschaft).

Addieren ergibt

$$\sphericalangle 1 + \sphericalangle 2 = \sphericalangle 3 + \sphericalangle 4.$$

Zwei *gleiche* Winkel, deren Summe einen gestreckten Winkel von 180° ergibt, müssen gleich einem rechten Winkel sein.

Im Teil b von Satz 16 sind zwei Parabeln gemeint, die dieselbe Symmetrie-Achse besitzen. Sind sie konfokal, so können sie sich nur schneiden, wenn sie in entgegengesetzten Richtungen geöffnet sind, wie es Bild 57 zeigt. An der Parabel α folgt aus der Spiegel-Eigenschaft

$\sphericalangle 1 = \sphericalangle 2,$

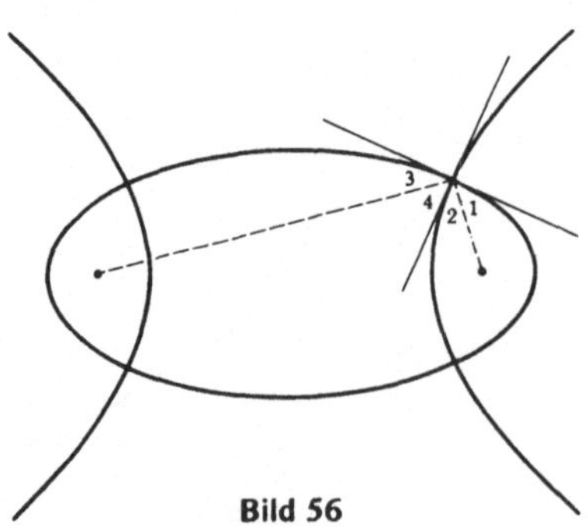

Bild 56

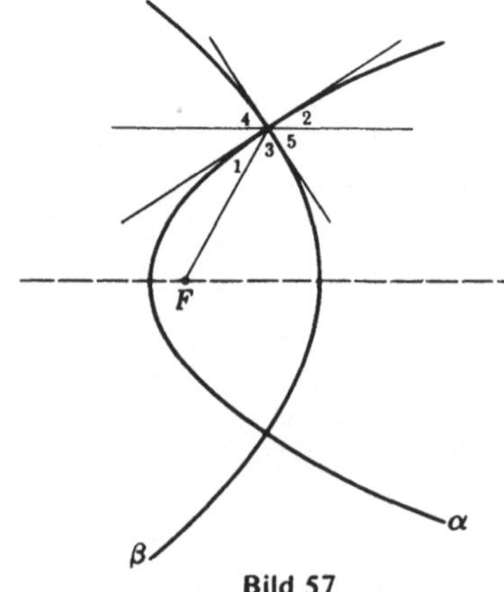

Bild 57

an der Parabel β entsprechend

$$\sphericalangle 3 = \sphericalangle 4 = \sphericalangle 5.$$

Addieren ergibt

$$\sphericalangle 1 + \sphericalangle 3 = \sphericalangle 2 + \sphericalangle 5,$$

wobei wie im Teil a jede Summe gleich 90° ist.

Da der Satz 16 für irgendzwei derartige Kegelschnitte gilt, so ist jeder Schnitt in Bild 58 orthogonal.

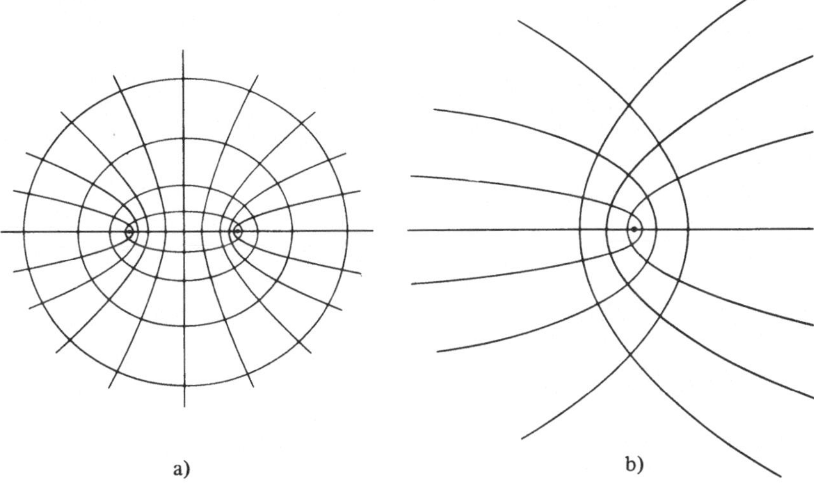

Bild 58 Konfokale Kegelschnitte

6.3. Ebene Schnitte eines Kegels

Bild 59 zeigt drei mögliche Schnitte eines senkrechten Kreiskegels mit einer Ebene. Ein Kreis kann als Sonderfall des Bildes 59a aufgefaßt werden, bei dem die Schnittebene senkrecht zur Kegelachse liegt. Bei Bild 59b muß man sich vorstellen, daß der Kegel und die Ebene und damit auch die Parabel sich nach unten unbegrenzt fortsetzen. Die Ebene liegt parallel zu einer Mantellinie des Kegels. Um in Bild 59c beide Äste der Hyperbel zu erhalten, benötigt man die beiden *Teile* des Kegels. Dabei braucht die Ebene nicht parallel zur Kegelachse zu sein. Wiederum muß die Figur unbegrenzt gedacht werden, dieses Mal aber nach oben und nach unten.

Was haben nun diese Bilder mit den Ortslinien-Definitionen der Kegelschnitte zu tun? Wir beweisen zunächst, daß ein Schnitt wie in Bild 59a eine Ellipse ergibt.

In Bild 60 gibt es genau eine Kugel, nach dem Erfinder dieses Beweises Dandelin-Kugel genannt, die sich innen dem Kegel anschmiegt und die obere Seite der Schnittebene berührt, und zwar im Punkt F_1. Eine zweite Dandelin-Kugel berührt den Kegel und die Ebene in F_2. Diese beiden Punkte werden sich als die Brennpunkte der Ellipse herausstellen.

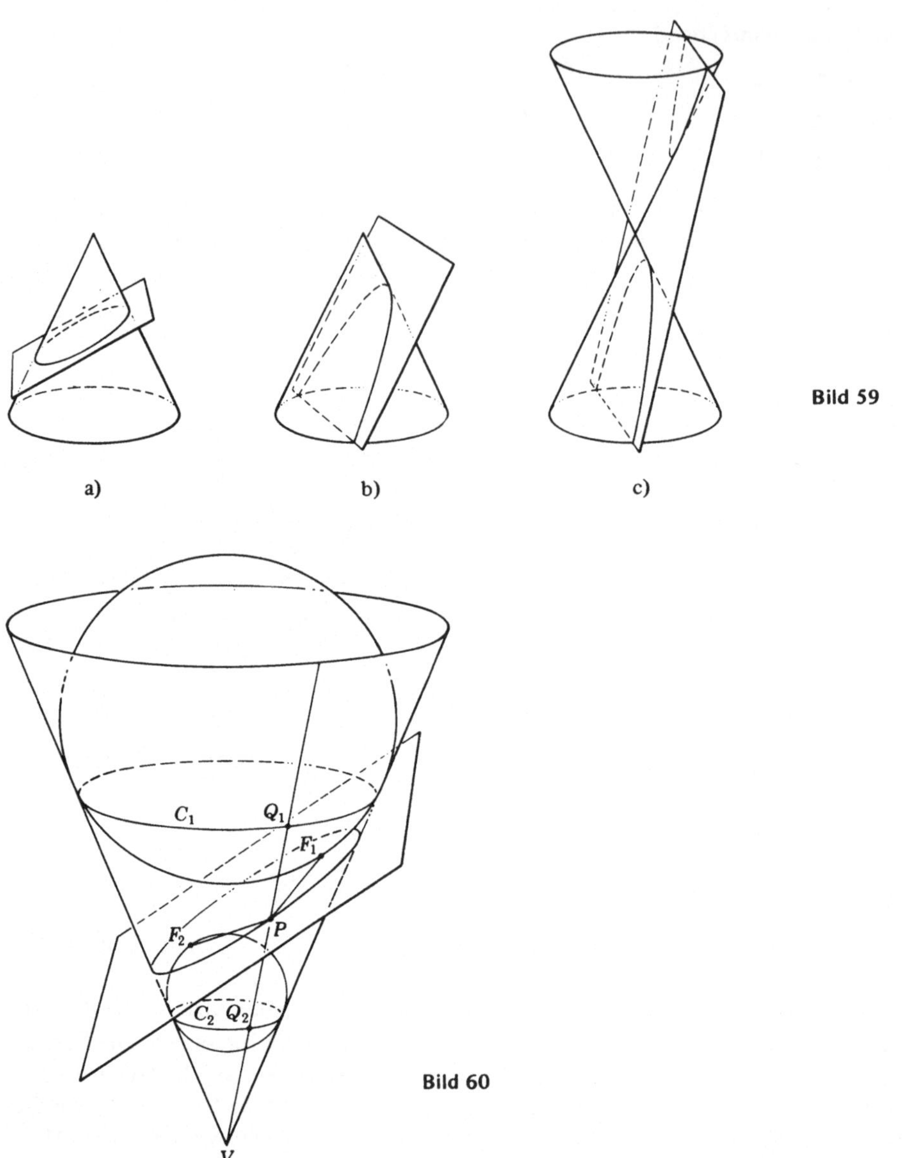

Bild 59

Bild 60

Wir wählen einen Punkt P auf der Schnittkurve und ziehen $\overline{PV}$. Da P auf dem Kegel liegt, so schneidet die Gerade $\overline{PV}$ nicht nur die beiden Kreise C_1 und C_2, sondern berührt auch die beiden Kugeln in Q_1 und Q_2. Andererseits sind $\overline{PF}_1$ und $\overline{PF}_2$ auch Tangenten an die Kugeln, weil sie in der Tangentialebene liegen. Nun sind alle Tangenten von einem Punkt an eine Kugel gleich lang. Daher gilt

$$\overline{PF}_1 = \overline{PQ}_1, \overline{PF}_2 = \overline{PQ}_2.$$

Addieren ergibt

$$\overline{PF}_1 + \overline{PF}_2 = \overline{PQ}_1 + \overline{PQ}_2 = \overline{Q_1Q_2}.$$

Nun bewege sich P auf der Ellipse herum. Dann wird es einen neuen Punkt Q_1 und einen neuen Punkt Q_2 für jede neue Lage von P geben, aber die Länge $\overline{Q_1Q_2}$ wird konstant bleiben (warum?). Daher ist

$$\overline{PF}_1 + \overline{PF}_2 = \text{constant}$$

entsprechend der Definition einer Ellipse mit den Brennpunkten F_1 und F_2.

Ein Spielball liegt auf dem Boden und wird von einer einzelnen elektrischen Lampe beleuchtet. Welche Gestalt hat der Schatten des Balles auf dem Fußboden? Wo berührt der Ball den Boden?

Es ist gleichermaßen möglich, auch die beiden anderen Beweise mit Hilfe von Dandelin-Kugeln zu führen. Bei der Parabel haben wir nur eine Dandelin-Kugel (einen Brennpunkt!), und bei der Hyperbel steckt in jedem Kegelteil eine Dandelin-Kugel. Der Beweis für die Hyperbel kann in den Anmerkungen nachgesehen oder muß selbst gefunden werden. Die Parabel soll nun mit einer anderen Methode untersucht werden, die im wesentlichen von *Galilei* stammt, der 200 Jahre vor *Dandelin* lebte. Dazu müssen wir etwas einfache analytische Geometrie treiben.

Wie erinnerlich, ist der Graph der einfachsten quadratischen Funktion $y = x^2$ eine Parabel. Bild 61 zeigt den Verlauf. Für $x = 0$ ist $y = 0$; für $x = 1$ ist $y = 1$; für $x = 2$ ist $y = 4$ usw. Ein Beweis, daß die Ortslinien-Definition einer Parabel analytisch äquivalent zu $ky = x^2$ ist, findet sich in den Anmerkungen. Bei der Parabel in Bild 61 ist $k = 1$.

In Bild 62 suchen wir die Gleichung der Kurve in der Ebene parallel zu einer Mantellinie $\overline{VB}$ des Kegels. Mit O als Ursprung habe P die dort angegebenen Koordinaten (x, y). APBR ist der kreisförmige Schnitt einer durch P verlaufenden Ebene senkrecht zur Kegelachse. $\overline{AB}$ ist der zu $\overline{PR}$ senkrechte Durchmesser dieses Schnittes. Dann gilt nach Bild 4, S. 7

$$x^2 = \overline{AC} \cdot \overline{CB}.$$

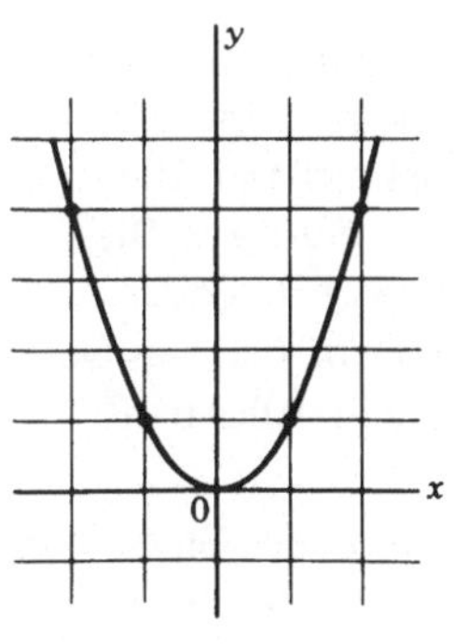

Bild 61

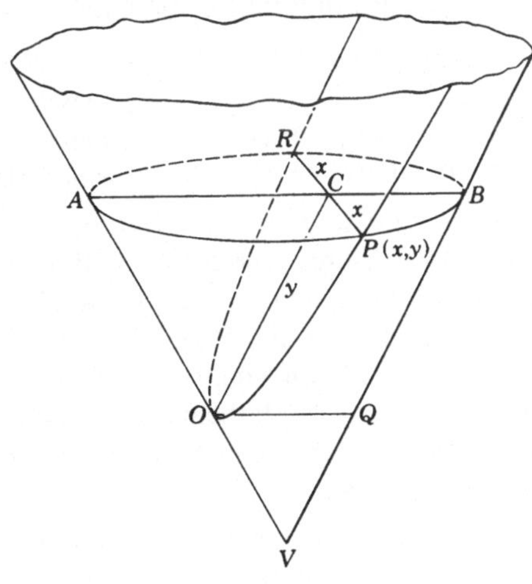

Bild 62

Aus dem Parallelogramm BCOQ folgt $\overline{CB} = \overline{OQ}$ und daraus nach dem Einsetzen

$$x^2 = \overline{AC} \cdot \overline{OQ}.$$

Da weiter OAC und VOQ gleichschenklige ähnliche Dreiecke sind, so ist

$$\frac{\overline{AC}}{\overline{OQ}} = \frac{\overline{OC}}{\overline{VQ}} = \frac{y}{\overline{OV}}$$

oder

$$\overline{AC} = \frac{\overline{OQ}}{\overline{OV}} y.$$

Setzt man diesen Ausdruck für AC in die letzte Gleichung für x^2 ein, so erhält man

$$x^2 = \frac{\overline{OQ}^2}{\overline{OV}} y.$$

Welche dieser Größen sind Variable und welche sind Konstante? Wir sprechen von der Gleichung einer gewissen Kurve (von der wir annehmen, daß sie eine Parabel ist). Wir wollen daher weder die Ebene ändern, in der diese Kurve liegt, noch den Winkel des Kegels selbst. Wenn sich der horizontale Kreis auf- und abwärts bewegt, so ergibt das variable Koordinaten (x, y) des Punktes P, die jedoch stets die Koordinaten eines Kurvenpunktes sein werden. Die Konstante $\frac{\overline{OQ}^2}{\overline{OV}}$ ist daher das, was wir in der Gleichung $x^2 = ky$ als k bezeichnet haben, und wir wissen, daß wir tatsächlich eine Parabel vor uns haben.

6.4. Eine kennzeichnende Eigenschaft der Parabeln

Was heißt „ähnlich"? Zwei Figuren sind ähnlich, wenn sie durch eine einfache Vergrößerung oder Verkleinerung in einem gewissen *Maßstab* kongruent gemacht werden können. Ähnlichkeit kann als eine „Kongruenz abgesehen von der Größe" aufgefaßt werden. So sind z. B. alle Kreise ähnlich: Sie haben dieselbe *Form.*

Offensichtlich sind nicht alle Ellipsen ähnlich (Bild 58a). Keine Vergrößerung kann aus einer dicken Ellipse eine schmale Ellipse machen und umgekehrt. Man könnte meinen, daß dasselbe von den Parabeln behauptet werden könnte – aber dem ist nicht so. Die weiten Parabeln in Bild 58b *haben genau die gleiche Form wie die engen Parabeln.* Dies illustriert die wichtige mathematische Regel: Glaube nicht alles, was du siehst – oder zu sehen meinst. Viele Mathematiker fassen die Regel noch schärfer: Glaube *nichts*, was Du siehst. Natürlich meinen sie damit: Verlaß Dich nicht auf den Augenschein. Alles muß bewiesen werden.

Die Behauptung, daß eine enge Parabel sich von einer weiten Parabel nur in der Größe unterscheidet, ist schnell nachgewiesen. Indem wir die Form des Kegels und die Lage der Schnittebene in Bild 62 ändern, können wir sicherlich verschiedene Parabeln erhalten. Aber unser

Beweis zeigte, daß $\frac{\overline{OQ}^2}{\overline{OV}} = k$ die *einzige* Größe ist, die sich dabei ändert. Eine Änderung des Maßstabes (z. B. in Bild 61) multipliziert x und y mit *demselben* Faktor. Wir unterwerfen die Gleichung

$$x^2 = ky$$

durch

$$x = kX$$
$$y = kY$$

einer Maßstabänderung. Das liefert

$$(kX)^2 = k(kY)$$
$$k^2X^2 = k^2Y$$
$$X^2 = Y.$$

Wir haben damit unsere Parabel auf eine Kurve nach Bild 55 reduziert, abgesehen von der Größe. Das kann aber für jedes k getan werden. Daher sind alle Parabeln ähnlich veränderte Bilder des Bildes 61.

7. Projektive Geometrie

7.1. Projektive Transformation

Eine Projektion von einem Punkt O des dreidimensionalen Raumes bildet die Punkte einer gegebenen Ebene in die Punkte einer anderen gegebenen Ebene ab, vorausgesetzt, daß O nicht in einer der beiden Ebenen liegt. In Bild 63 wird das Dreieck ABC der Ebene Σ in das Dreieck $A'B'C'$ der Ebene Σ' projiziert; O heißt das Projektionszentrum. Die beiden Ebenen sind nicht notwendigerweise parallel, so daß im allgemeinen das Bild einer Figur dem Urbild nicht ähnlich ist.

Die Transformation in Kapitel 3, die Inversion, bildet die Ebene auf sich selbst ab. Es besteht nun kein Grund, unser Prinzip „Transformiere, löse, transformiere zurück" nicht auch zu benutzen, wenn die Transformation eine Ebene auf eine andere abbildet, solange nur die Transformation eineindeutig und umkehrbar ist. Man spricht oft von *„der* projektiven Ebene", aber der dreidimensionale Hintergrund ist nichtsdestoweniger vorhanden.

Betrachten wir die projektive Abbildung als eine Transformation, so würden wir gerne ihre Invarianten kennen lernen wollen. Es ist sofort klar, daß gleichgültig, um welche Formänderung es sich handelt, diese von der Transformation durch Inversion an einem Kreis verschieden ist. Zunächst einmal gehen Geraden in Geraden über, weil irgendzwei Punkte auf einer Geraden in Σ mit O eine Ebene bilden, die Σ' in einer anderen Geraden schneidet. Aber der Winkel bleibt diesmal nicht erhalten, die Transformation ist nicht konform. Das bedeutet, daß weder Parallelität noch Ähnlichkeit erhalten bleiben. Aber unser beständiger Freund Doppelverhältnis ist auch eine projektive Invariante, ein bedeutender Umstand, auf den wir gleich zurückkommen werden.

Was wird aus Kreisen? Sie werden nicht in Kreise projiziert. Da sie aber Kegelschnitte sind, projizieren sie sich in Ellipsen, Hyperbeln oder Parabeln. Wir sahen diesen Vorgang im letzten Kapitel, wo Σ eine Ebene senkrecht zu der Achse des Kegels mit der Spitze O war und Σ' die „Schnittebene". Wir stellen hier ohne Beweis fest, daß dies auch geschieht, wenn die Kegelachse schräg zum Kreis liegt. Das hat weitreichende Folgen. Unter anderem bedeutet dies, daß rein projektive Eigenschaften von Kreisen sich automatisch auch auf Kegelschnitte übertragen lassen.

Was geschieht im Unendlichen? Wie bei der Inversion müssen wir eine Definition zugrundelegen. Die Frage ist daher eigentlich nicht genau gestellt. Es müßte heißen: Was *wünschen* wir, das im Unendlichen geschehen soll? An uns liegt es, eine verträgliche und brauchbare Definition zu geben, die sich der Geometrie anpaßt, ohne Widersprüche zu erregen oder Sonderfälle zu ergeben. Und das wird nicht dieselbe Definition sein, die für die Geometrie der Inversion so nützlich war.

Bei der Projektion in Bild 63 projiziert sich jede Gerade in der Ebene Σ in eine Gerade der Ebene Σ' *mit Ausnahme einer einzigen.* Das ist die Gerade l, die mit O eine Ebene parallel zu Σ' bestimmt. Was ist nun das Bild von l auf Σ'? Wir stellen fest, daß *jede* Gerade in eine Gerade abgebildet wird; es ist daher vorteilhaft, festzusetzen, daß die Ebene Σ' eine Gerade im Unendlichen besitzt, die das Bild l' von l ist. Die Entsprechung zwischen

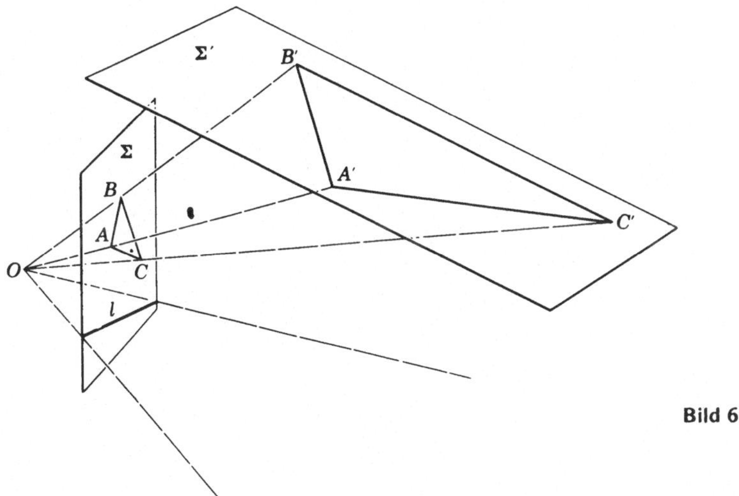

Bild 63

Σ und Σ′ ist nun vollständig und eineindeutig. Es sei dazu noch bemerkt, daß es auch eine und nur eine Gerade in Σ′ gibt, die mit O eine Ebene parallel zu Σ bildet. Diese Gerade wird in die unendlich ferne Gerade der Ebene Σ projiziert. So besitzt jede Ebene eine Gerade im Unendlichen.

Irgendzwei Geraden einer Ebene schneiden sich in einem und nur einem Punkt. Eine Seite $\overline{AB}$ eines Dreiecks ABC in der Ebene Σ schneidet l in genau einem Punkt. Daher muß $\overline{A'B'}$ die Gerade l′, die unendlichferne Gerade von Σ′ auch in genau einem Punkt schneiden. Dabei ist es gleichgültig, welche der beiden entgegengesetzten Richtungen einer gegebenen Geraden man nimmt, man wird stets in demselben Punkt auf der unendlichfernen Gerade ankommen. Das wird dem Leser paradox erscheinen, es kommt aber daher, daß er mit vorgefaßten Begriffen über das, was Unendlichkeit „wirklich ist", belastet ist. Wir wiederholen das, was wir in Kapitel 3 sagten: Unendlichkeit ist nicht irgendetwas „Wirkliches". Wir sagen mit jenem Herrn Tolpatsch, der damit so oft in die Enge getrieben wurde, in schierer Verzweiflung, daß Unendlichkeit gerade das bedeutet, was ich mir als Bedeutung ausgesucht habe – nicht mehr und nicht weniger".

Die gewöhnliche Euklid-Ebene heißt mit ihrer unendlichfernen Geraden die *erweiterte Ebene* oder einfach die *projektive Ebene.* Es ist von großem Vorteil, wenn wir alle besonderen Eigenschaften von der unendlichfernen Geraden, die sich für alle projektiven Zwecke wie eine gewöhnliche Gerade verhalten soll, entfernen. So können wir nun von dem einzigen Schnittpunkt von *irgendzwei* komplanaren Geraden sprechen. Sind die beiden Geraden im Euklidischen Sinn parallel, so liegt ihr Schnittpunkt auf der unendlichfernen Geraden (der Ferngeraden).

Bevor wir nun das neue Land erforschen, das die projektive Ebene heißt, wollen wir einen Satz der projektiven Geometrie betrachten, der im dreidimensionalen Raum durch Bild 63 nahegelegt wird.

Desargues-Satz: Liegen zwei Dreiecke in bezug auf einen Punkt perspektiv, so liegen die Schnittpunkte ihrer entsprechenden Seiten auf einer Geraden.

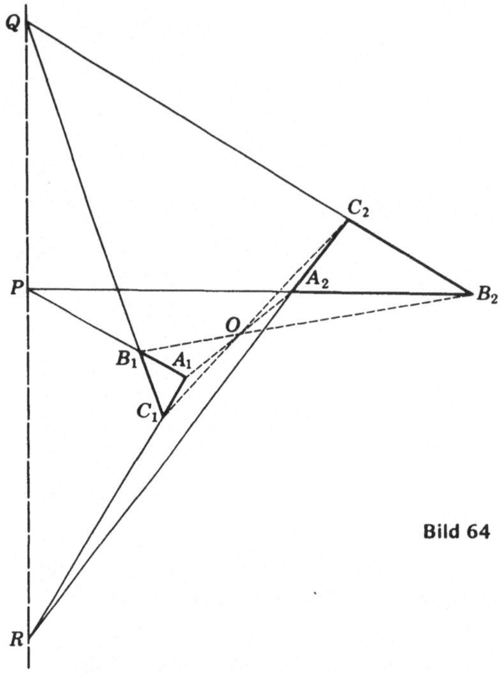

Bild 64

Der Beweis ist einfach. Die Ebenen Σ und Σ' müssen sich in einer Geraden m schneiden, und das ist diese betreffende Gerade. Denn O, A, B, A', B' liegen alle in einer Ebene. Daher schneiden sich $\overline{AB}$ und $\overline{A'B'}$. Diese Geraden liegen auch in Σ und Σ', und ihr Schnitt muß daher irgendwo auf m (der einzigen gemeinsamen Gerade von Σ und Σ') liegen. Das Gleiche gilt für die anderen Seitenpaare: Alle drei Seitenpaare schneiden sich auf m.

Die Gerade m ist in dieser Hinsicht der Widerpart des Inversionskreises: Jeder Punkt von m bleibt bei der Transformation invariant.

Der Desargues-Satz gilt auch in der Ebene, aber interessanterweise ist sein Beweis in zwei Dimensionen schwieriger als in drei Dimensionen. Zur Vereinfachung befolgen wir wieder den nun schon vertraut gewordenen Ratschlag „Transformiere, löse, transformiere zurück". Außerdem wählen wir ein passendes Inversionszentrum. Nun suchen wir ein vernünftig gelegenes Projektionszentrum und eine Ebene, auf die projiziert wird.

Die Desargues-Konfiguration sieht in der Ebene wie Bild 65 aus; sie kann aber auch ganz anders sein; die Projektion kann auch in „beiden Richtungen" von O aus wirken wie in Bild 64. (Wir werden z. B. die Punkte *unter* l in der Ebene Σ von Bild 63 auf Σ' projiziert?) In beiden Fällen oder in den vielen anderen, die man noch zeichnen könnte, müssen wir beweisen, daß P, Q und R kollinear sind, d. h. auf einer Geraden liegen.

Schauen wir uns noch einmal Bild 63 an. Dort wird die Gerade l durch die Projektion von O auf Σ' in das Unendliche befördert. Aber *jede* Gerade von Σ bildet mit O eine neue Ebene. Wählen wir eine neue Ebene Σ' parallel zu einer solchen Ebene, so können wir eine Projektivität erreichen, die irgendeine gewünschte Gerade in das Unendliche projiziert.

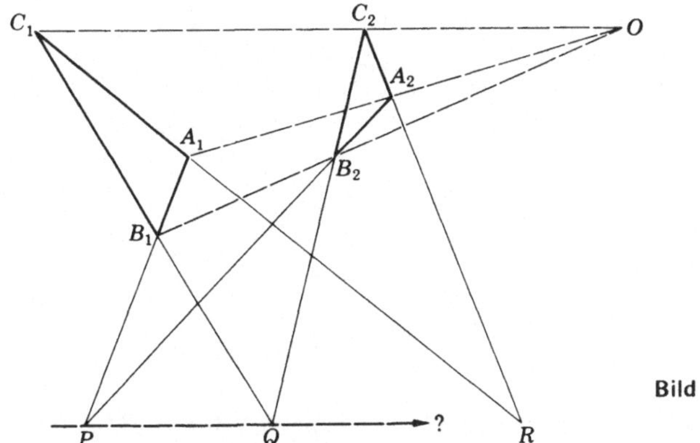

Bild 65

Kehren wir nun zu Bild 65 zurück und erinnern uns, daß *alle* Punkte einschließlich des Punktes O in einer Ebene liegen. Da wir die gestrichenen Buchstaben für die Bildelemente nach der Projektion verwendet haben, setzen wir nun keine Striche an die Buchstaben.
Als Projektionszentrum nehmen wir nicht irgendeinen in der Ebene liegenden Punkt, sondern *wählen die Projektivität, die die Gerade* $\overline{PQ}$ *in das Unendliche abbildet.* Wenn wir beweisen können, daß diese Projektion auch R in das Unendliche abbildet, wissen wir, daß P′, Q′ und R′ kollinear sind (auf derselben unendlichfernen Geraden liegen) und daher P, Q, R auch vor der Projektion kollinear waren.

Nach der Projektion liegt P′ auf der Ferngeraden. Die Schnittpunkte bleiben erhalten, so daß sich $\overline{A_1'B_1'}$ und $\overline{A_2'B_2'}$ in P′ schneiden müssen. Die einzige Möglichkeit für zwei Geraden, sich im Unendlichen zu schneiden, ist die, daß sie parallel sind. Das gleiche gilt für $\overline{B_1'C_1'}$ und $\overline{B_2'C_2'}$, weil sie sich in Q′ schneiden. Die transformierte Figur sieht wie in Bild 66 aus. Parallele Geraden schneiden irgendzwei Transversalgeraden in gleichen Streckenverhältnissen, daher gilt

$$\frac{s}{t} = \frac{x}{y} \quad \text{und} \quad \frac{u}{v} = \frac{x}{y},$$

woraus

$$\frac{s}{t} = \frac{u}{v}$$

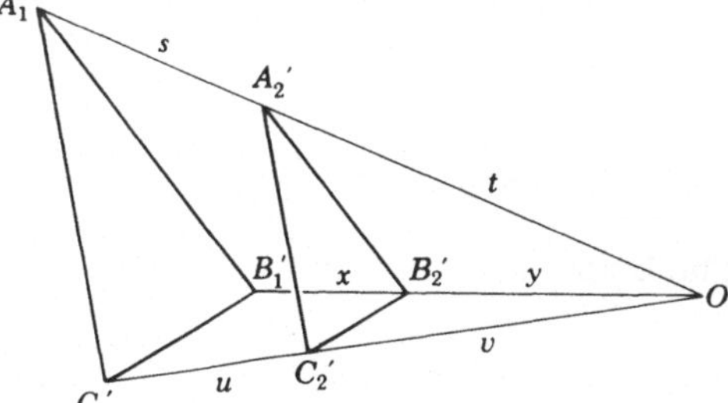

Bild 66

folgt, was bedeutet, daß $\overline{A_1'C_1'}$ parallel zu $\overline{A_2'C_2'}$ ist und daß daher ihr Schnitt R′ auf der Ferngeraden liegt. Das wollten wir aber beweisen.

Satz von Pappos. Liegen die Ecken eines Sechsecks abwechselnd auf zwei Geraden, dann sind die drei Schnittpunkte der drei Gegenseitenpaare kollinear.

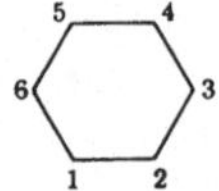

Bild 67

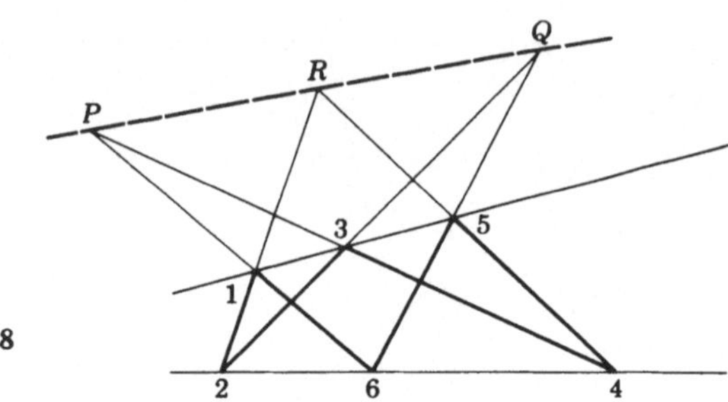

Bild 68

Pappos von Alexandrien (um 300 n. Chr.) bewies diesen Satz mit umständlich Euklidischen Methoden. Vielleicht hat der Leser schon erraten, wie es leicht getan werden kann. Das Sechseck ist eine geschlossene Figur, deren Seiten sich überschneiden (Bild 68). Die Ecken bezeichnen wir in der Reihenfolge, in der wir sie beim Zeichnen des Sechsecks ohne Absetzen in einem Zuge durchlaufen mit den Zahlen von 1 bis 6. Gegenseiten können dann durch Zuordnung ihrer Numerierung zu der des schematischen Modells in Bild 67 herausgefunden werden.

Wie beim Beweis des Desargues-Satzes projizieren wir Bild 68 so, daß $\overline{PQ}$ die Ferngerade wird. Dann müssen die beiden sich in P und die beiden sich in Q schneidenden Seiten parallel werden, und wir erhalten Bild 69. Pappos forderte, daß die „beiden Geraden" des Satzes nicht parallel sein sollen. Diese Forderung ist jedoch nicht notwendig; denn waren sie vor der Projektion parallel, so schnitten sie sich auf der (alten) Ferngeraden der Ebene. Diese Gerade wird nach der Projektion zu einer „gewöhnlichen" Geraden und der Schnittpunkt darauf ein „gewöhnlicher" Punkt.

Nun werden in Bild 69 durch die Parallelen ähnliche Dreiecke gebildet, woraus sich

$$\frac{a}{b} = \frac{y}{z} \quad \text{oder} \quad a = \frac{by}{z}$$

und

$$\frac{x}{y} = \frac{b}{c} \quad \text{oder} \quad x = \frac{yb}{c}$$

ergibt. Daraus folgt

$$\frac{a}{x} = \frac{c}{z}.$$

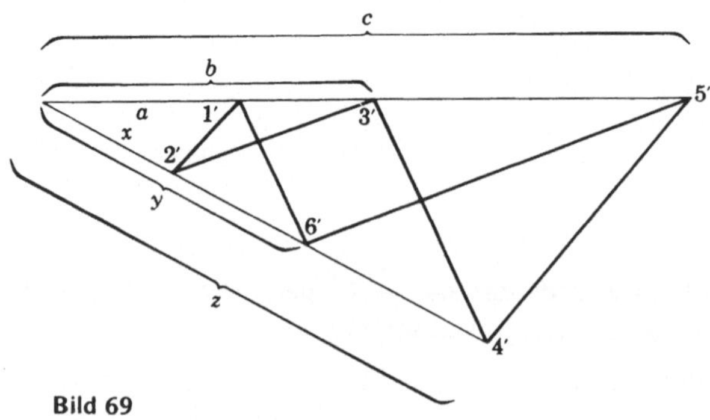

Bild 69

Das besagt, daß $\overline{1'2'}$ und $\overline{4'5'}$ parallel sind, daß daher R' zusammen mit P' und Q' auf der Ferngeraden liegt; daher sind auch P, Q und R vorher kollinear.

Der Satz des Pappos ist für sich interessant, geht aber in seiner Bedeutung sehr viel tiefer.

7.2. Die Grundlagen

In den 2000 Jahren seit der Griechischen Ära haben die Mathematiker sich mit dem Euklidschen Parallelen-Axiom abgemüht, das besagt, daß zu einer Geraden durch einen nicht auf ihr gelegenen Punkt genau eine und nur eine Parallele gezogen werden kann. Dieses Postulat ist komplizierter als alle anderen Postulate und Axiome, und man glaubte daher, daß seine Herleitung aus den anderen irgendwie möglich sein müßte. Viel Zeit und Mühe wurde an diesen nutzlosen Versuch verschwendet, bis schließlich im 19. Jahrhundert einige Mathematiker unabhängig voneinander die Sache von der anderen Seite her angingen. Sie dachten: Wenn dies wirklich ein unabhängiges Postulat ist und nicht eine Folge aus den übrigen, warum soll man es nicht aus der Liste streichen und etwas anderes an seine Stelle setzen? Das taten sie und waren so imstande, ganze *nichteuklidische* Geometrien zu schaffen, die keine inneren Widersprüche und Ungereimtheiten enthielten. Das verlangte sowohl Mut wie Genie, weil Euklids Geometrie immer als *die* Geometrie angesehen wurde, unumstößlich und vollkommen. Es schien beinahe wie eine Entweihung, daran zu rütteln. Niemandem wäre es eingefallen, daran zu denken, daß es andere Geometrien geben könnte. Die neuen Ideen waren so phantastisch, daß sie zuerst kaum unterstützt wurden, und erregten wenig Aufmerksamkeit. Selbst der große Gauß veröffentlichte nur widerstrebend seine Ergebnisse zu diesem Gegenstand, weil er die Unruhe fürchtete, die dadurch geschaffen wurde.

Als die Bedeutung endlich durch andere Mathematiker erfaßt wurde, begannen sie ein gründliches Studium aller anderen Grundtatsachen und Grundlagen der Geometrie und fanden stellenweise ziemlich wacklige Unterbauten. Einige weitere Postulate mußten zugefügt werden, um die Euklid-Geometrie streng zu machen. *Euklid* sah die Postulate und Axiome als „offenkundige Wahrheiten" an. Heutzutage sind sie nichts von alledem. Wir haben bereits gesehen, daß wir in der einen Geometrie erfolgreich einen einzigen Punkt im Unendlichen postulieren können und in einer anderen eine unendlichferne Gerade. Die Postulate sind weder offensichtlich richtig, noch sind sie Wahrheiten. Sie sind, wenn man so will, Spielregeln.

Das Spiel, wie es heute gespielt wird, und nun meine ich die gesamte Mathematik, besteht darin, daß zu Beginn die Regeln (Axiome und Postulate) festgelegt werden und daraus die Folgerungen erforscht und ausgewertet werden. Die Regeln selbst sind nicht durch irgendetwas vorgeschrieben: Sie können theoretisch irgendeine Menge von Abstraktionen sein, welche auch immer – sie müssen nur miteinander verträglich sein. Der Mathematiker versucht nun die und keine anderen Regeln herauszusuchen, die notwendig und hinreichend sind, um die Mathematik zu schaffen, die er vorhat. Dies ist eine übervereinfachte Beschreibung des axiomatischen Vorgehens, aber ich hoffe, nicht mißverstanden worden zu sein. „Das Spiel machen", dieser Weg ist bei den Bemühungen, eine

Reihe von tief verborgenen Schwierigkeiten aufzuklären, herausgekommen – und um ehrlich zu sein, es hat einige neu geschaffen. Die Probleme, die sich aus der Beschäftigung mit der Grundlegung der Mathematik ergeben, ziehen die Aufmerksamkeit vieler hoch talentierter Mathematiker auf sich und werden dies wahrscheinlich auch ferner tun.

Als diese Art der Überholung der Grundbegriffe begann, wurde es bald augenfällig, daß viel zu viel als „offensichtlich" angenommen wurde. Der entscheidende Durchbruch der Entdecker der nichteuklidischen Geometrien geschah, als sie nachwiesen, daß *alles* sorgfältig durchforscht werden muß. Auch die Algebra mußte auf den Operationstisch, um seziert zu werden. Da ist z. B. $3 \cdot 5 = 5 \cdot 3$. Die Reihenfolge der Multiplikationen kann vertauscht werden. Dies ist das *Kommutativgesetz* der Multiplikation. „Das ist selbstverständlich", wird man sagen, „Warum sich mit einer Namensgebung belasten? Die Multiplikation ist immer kommutativ." Bei den gewöhnlichen Multiplikationen unserer üblichen Zahlen: ja; aber bei allen Mulitplikationen? Es gibt Algebren und sogar Geometrien, bei denen die Multiplikation nicht kommutativ ist. Selbst die einfachsten Beispiele gehen ohne weiteres grundlegendes Material über unseren Gesichtskreis hinaus; aber für die, denen Matrizen begegnet sind, wir meinen die Matrizen-Multiplikation, die zu einem Haufen von nützlichen und weitgreifenden Anwendungen führt, ist diese nicht kommutativ. Sind (A) und (B) Matrizen, so ist $(A)\,(B) \neq (B)\,(A)$.

Am Ende unseres Beweises des Satzes von Pappos erhielten wir durch Division

$$\frac{a}{x} = \frac{\frac{by}{z}}{\frac{yb}{c}} = \frac{by}{z} \cdot \frac{c}{yb} = \frac{c}{z}.$$

Dies ergab sich durch Kürzen der *gleichen* Faktoren by und yb, was natürlich voraussetzt, daß die Multiplikation kommutativ ist. Was aber, wenn dies nicht zutrifft? Dann kann der Beweis nicht vollendet werden, und der Satz von Pappos wäre in der Tat nicht gültig. Wir haben by und yb hervorgehoben, wie es sich gerade ergab, das eine in umgekehrter Reihenfolge als das andere. Wenn der Leser glaubt, den Satz des Pappos ohne Rückgriff auf die Kommutativität beweisen zu können, so liegt dies daran, daß er sie, ohne es zu bemerken, irgendwo verwendet hat. Was wir haben, ist streng genommen gar kein Satz, sondern ein *Axiom* der projektiven Geometrie. Gleichgültig von welcher Liste von Axiomen wir ausgehen, so können wir entweder das Axiom der Kommutativität oder das Pappos-Axiom zufügen: Das eine oder das andere müssen wir haben.

Nichts von dem, was hier diskutiert wurde, wäre jemals *Pappos von Alexandrien* 300 n. Chr. im Traum eingefallen.

7.3. Doppelverhältnis

Wir erinnern an die Definition des Sinus eines Winkels. In Bild 70 ist

$$\sin A = \frac{h}{b} \quad \text{bzw.} \quad h = b \sin A,$$

$$\sin B = \frac{h}{a} \quad \text{bzw.} \quad h = a \sin B.$$

Daher gilt

$$b \sin A = a \sin B$$

oder

$$\frac{\sin A}{a} = \frac{\sin B}{b}$$

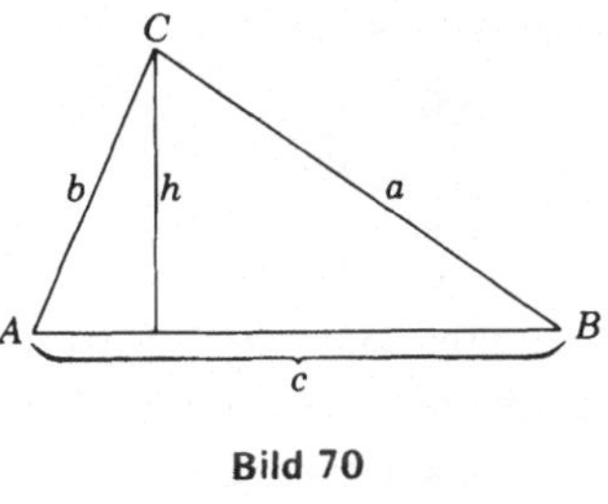

Bild 70

Wir können eine zweite Gleichung in der gleichen Weise herstellen, um den Sinus-Satz zu vervollständigen, der besagt, daß in jedem Dreieck die Sinuswerte der Winkeln zu den Gegenseiten proportional sind:

$$\frac{\sin A}{a} = \frac{\sin B}{b} = \frac{\sin C}{c}.$$

Irgendwelche vier Punkte A, B, C, D einer Geraden bestimmen ein Doppelverhältnis

$$\frac{\overline{AC}}{\overline{BC}} \Big/ \frac{\overline{AD}}{\overline{BD}}.$$

Was uns nun interessiert, ist die Frage, ob dieses Doppelverhältnis erhalten bleibt, wenn die Punkte von einem Punkt O auf eine andere Gerade projiziert werden (Bild 71). Dazu wenden wir den Sinus-Satz einige Male an:

$$\frac{\overline{AC}}{\sin 1} = \frac{\overline{OA}}{\sin 5} \rightarrow \overline{AC} = \frac{\overline{OA} \sin 1}{\sin 5}$$

$$\frac{\overline{BC}}{\sin 2} = \frac{\overline{OB}}{\sin 6} \rightarrow \overline{BC} = \frac{\overline{OB} \sin 2}{\sin 6}$$

Die Sinuswerte von Supplementwinkeln wie 5 und 6 sind gleich. Daher gilt

$$\frac{\overline{AC}}{\overline{BC}} = \frac{\overline{OA} \sin 1}{\overline{OB} \sin 2}.$$

Ferner

$$\frac{\overline{AD}}{\sin 3} = \frac{\overline{OA}}{\sin 7} \rightarrow \overline{AD} = \frac{\overline{OA} \sin 3}{\sin 7}$$

$$\frac{\overline{BD}}{\sin 4} = \frac{\overline{OB}}{\sin 7} \rightarrow \overline{BD} = \frac{\overline{OB} \sin 4}{\sin 7}$$

Daher gilt

$$\frac{\overline{AD}}{\overline{BD}} = \frac{\overline{OA} \sin 3}{\overline{OB} \sin 4}$$

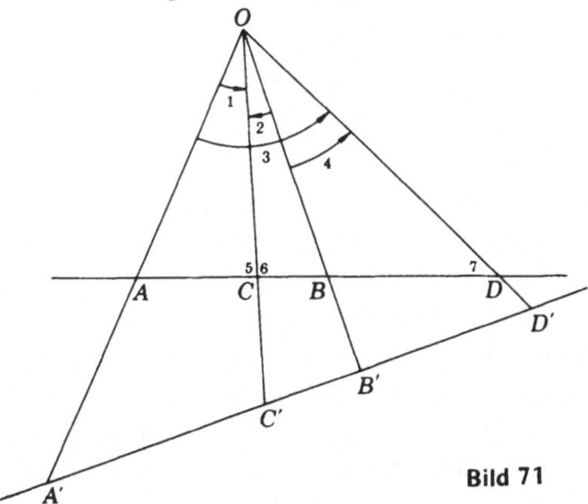

Bild 71

und schließlich

$$\frac{\dfrac{\overline{AC}}{\overline{BC}}}{\dfrac{\overline{AD}}{\overline{BD}}} = \frac{\dfrac{\sin 1}{\sin 2}}{\dfrac{\sin 3}{\sin 4}}$$

Der entscheidende Schritt ist der letzte: Jede Bezugnahme zu den Transversalen ist ausgeschaltet, was bedeutet, daß das Doppelverhältnis *nur von dem Winkel bei* O abhängt. Wiederholen wir die ganze Herleitung unter Verwendung der Punkte auf der anderen Transversalen mit den gestrichenen Bezeichnungen, so würde alles genau so laufen, und wir würden bei

$$\frac{\dfrac{\overline{A'C'}}{\overline{B'C'}}}{\dfrac{\overline{A'D'}}{\overline{B'D'}}} = \frac{\dfrac{\sin 1}{\sin 2}}{\dfrac{\sin 3}{\sin 4}}$$

enden, was besagt, daß das Doppelverhältnis bei Projektion invariant ist.

Als nächstes bewegen wir Q in eine neue Lage P, ohne A, C, B und D zu verändern (Bild 72). Es ergibt sich keine irgendwie geartete Änderung des Beweises. Selbst wenn die besonderen Winkel verändert werden, so wird das Doppelverhältnis ihrer Sinuswerte nicht geändert. Aus diesem Grunde verwenden wir dieses Verhältnis als Definition für das Doppelverhältnis von vier von einem Punkt ausgehenden Geraden. Wir hätten nun gern einige Abkürzungen für das Doppelverhältnis. Bei vier kollinearen Punkten werden wir $(\overline{AB}, \overline{CD})$ anstelle von

$$\frac{\dfrac{\overline{AC}}{\overline{BC}}}{\dfrac{\overline{AD}}{\overline{BD}}}$$

schreiben. Das Doppelverhältnis von vier von einem Punkt O ausgehenden Geraden

werden wir mit

$$O(\overline{AB}, \overline{CD})$$

abkürzen. Dann können wir das bisher Gesagte in

$$O(\overline{AB}, \overline{CD}) = (\overline{AB}, \overline{CD}).$$

zusammenfassen.

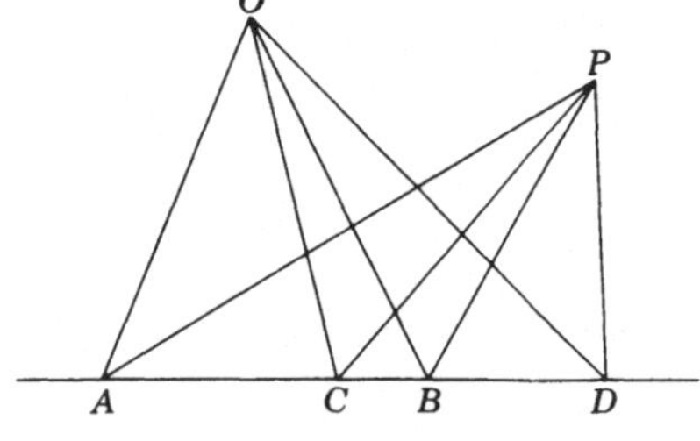

Bild 72

Wir können nun über das Doppelverhältnis von vier Punkten auf einem Kreis sprechen, was wir im Kapitel 3 aufgeschoben hatten. Dieses wird durch das Doppelverhältnis von vier Geraden definiert, die von einem Punkt auf dem Kreis durch die vier Punkte verlaufen (Bild 73). Da $\measuredangle 1 = \measuredangle 2$ usw. ist (gemessen durch denselben ausgeschnittenen Bogen), ist das Doppelverhältnis, das durch die Punkte A, C, B und D bestimmt ist, unabhängig von der Lage von O, vorausgesetzt, daß O auf dem Kreis bleibt. Es ist $O_1(\overline{AB}, \overline{CD}) = O_2(\overline{AB}, \overline{CD})$. Überdies haben wir das Doppelverhältnis als projektive

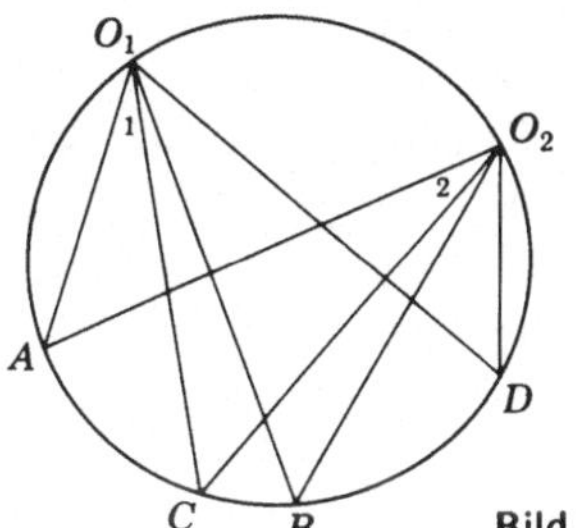

Bild 73

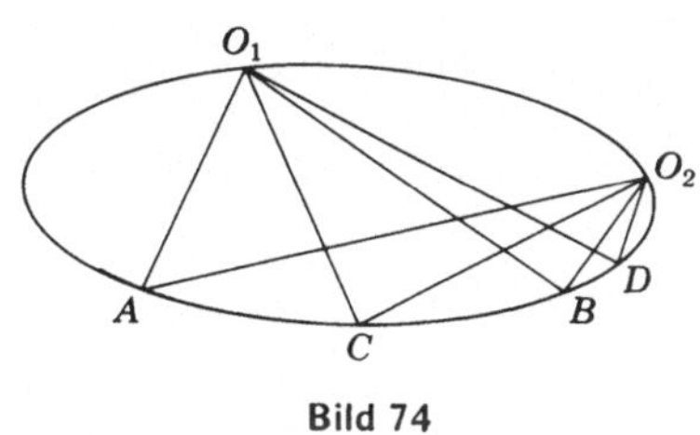

Bild 74

Eigenschaft festgestellt; daher überträgt sich diese Behauptung durch Projektion auf einen Kegelschnitt und läßt sich auf Bild 74 anwenden.

7.4. Das vollständige Vierseit

Wir erinnern daran, daß eine Teilung als harmonisch bezeichnet wird, wenn das Doppelverhältnis $(\overline{AB}, \overline{CD}) = -1$. ist. In Kapitel 3 bemerkten wir, daß dies gleichbedeutend mit der Forderung ist, daß C und D inverse Punkte in bezug auf den Kreis mit dem Durchmesser $\overline{AB}$ sind. Ist insbesondere C der Mittelpunkt von $\overline{AB}$, so liegt der zugehörige inverse Punkt im Unendlichen. Dies stimmt mit der Originaldefinition

$$\frac{\overline{AC}}{\overline{CB}} = \frac{\overline{AD}}{\overline{BD}}$$

überein, weil D ins Unendliche entweicht, während $\overline{AD}$ und $\overline{BD}$ einander gleich werden (Bild 75).

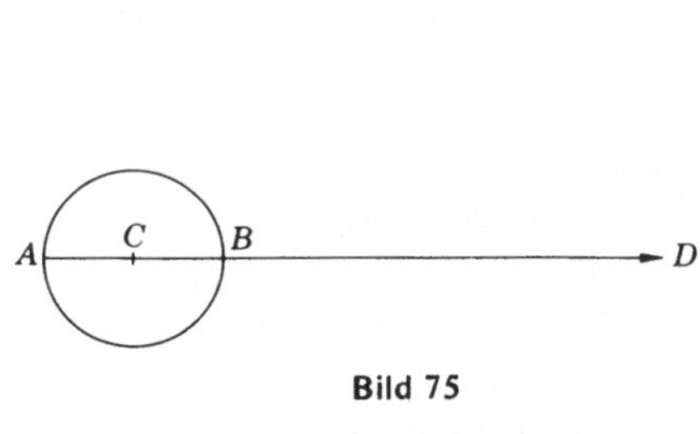

Bild 75

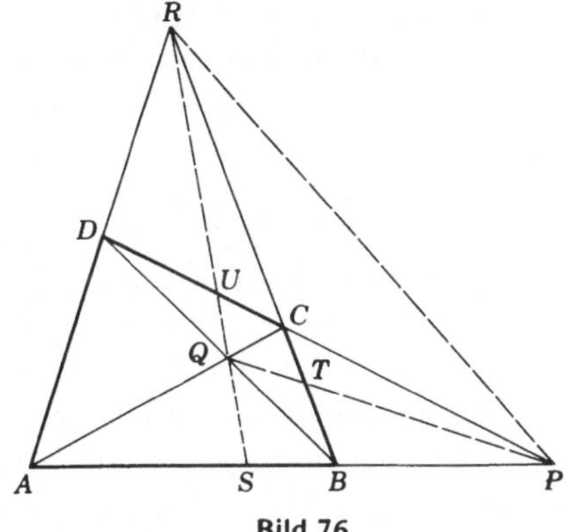

Bild 76

In einem gegebenen Vierseit ABCD (Bild 76) gibt es genau drei Möglichkeiten, die vier Ecken so zu paaren, daß zwei sich schneidende Geraden bilden:

AB mit CD zum Schnitt in P
AC mit BD zum Schnitt in Q
AD mit BC zum Schnitt in R

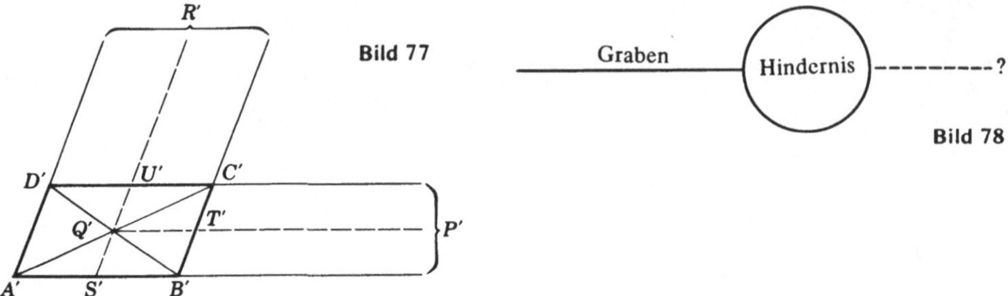

Bild 77

Bild 78

Zusammen mit dem Dreieck PQR heißt die gesamte Figur ein *vollständiges Vierseit*. Gleichgültig, welche Form das ursprüngliche Vierseit besitzt, das Doppelverhältnis $(\overline{AB}, \overline{SP})$ und daher auch $(\overline{DC}, \overline{UP})$ bei Projektion von R aus, ferner $(\overline{BC}, \overline{TR})$ und andere aus Gründen der besseren Übersichtlichkeit nicht in der Figur gezeichneten Doppelverhältnisse sind alle gleich -1.

Der Grund ist unmittelbar einzusehen, wenn wir die Gerade $\overline{PR}$ in das Unendliche projizieren. Dann wird aus dem Vierseit ein Parallelogramm (Bild 77). Wir betrachten darin das Doppelverhältnis $(\overline{A'B'}, \overline{S'P'})$. S' ist jetzt der Mittelpunkt von $\overline{A'B'}$, weil Q' der Diagonalenschnittpunkt ist und P' im Unendlichen liegt. Daher ist nach dem vorhergehenden Abschnitt $(\overline{A'B'}, \overline{S'P'}) = -1$. Weil aber das Doppelverhältnis bei Projektion invariant ist, so ist $(AB, SP) = -1$.

Ein schmaler Bewässerungsgraben führt von einem Vorratstank in der Mitte eines weiten Feldes weg. Der Eigentümer wünscht einen ähnlichen Graben auf der anderen Seite des Tanks und zwar diametral entgegengesetzt; der Tank ist jedoch so groß, um dort hinübersehen zu können. Er hat keine Vermessungsgeräte, aber er hat gehört, daß Sie etwas von Geometrie verstehen, und bittet Sie, ihm zu helfen, die Gerade hinter dem Hindernis fortzusetzen (Bild 78). Wie können Sie das Problem lösen mit nichts mehr als einem Bund Pflöcken, die man in die Erde schlagen kann? Kein Strick, kein Bleistift und kein Papier ist vorhanden.

Schlagen Sie an irgendzwei Punkten A und B an den Grabenenden Pflöcke ein und wählen Sie zwei Punkte C und D etwa so, wie es Bild 79 zeigt. Man bestimme den Punkt R durch Einfluchten in $\overline{AD}$ und $\overline{BC}$. Der Punkt Q ist schwieriger zu finden, weil er durch Probieren zwischen die Punkte eingefluchtet werden muß. (Es ist leicht, wenn man 2 Assistenten hat, die auf den Verlängerungen von $\overline{BD}$ und $\overline{AC}$ stehen und Ihnen Instruktionen zurufen.) Der Punkt Q (mit R) ergibt die Stelle S am Graben.

Nun gehen Sie auf die andere Seite zu einem passenden Punkt E und schlagen dort einen Pflock ein. Nehmen Sie F auf der Geraden BE an und bestimmen Sie G auf der Kreuzung von $\overline{AE}$ und $\overline{SF}$, dann H an der Kreuzung von BG und AF. Schließlich erhalten Sie X an dem Schnitt von DC und HE.

Nun ist der zu S konjugierte harmonische Punkt irgendein Punkt auf der Geraden, die wir suchen. Aber DC verläuft durch P, das gleiche tritt für HE ein. Daher ist P = X und das Problem ist halb gelöst. Wiederholen Sie nun einfach den ganzen Prozeß mit neuen Punkten A, B, C und D, um einen zweiten Punkt Y zu erhalten, dann ist durch X und Y der Verlauf der Verlängerung des geradlinigen Grabens nach der anderen Seite bestimmt.

7.5. Satz von Pascal

Vier feste Punkte haben bei vorgegebener Ordnung ein eindeutig bestimmtes Doppelverhältnis. Das heißt, daß es zu drei gegebenen Punkten und einem bestimmten Doppelverhältnis nur genau einen vierten Punkt geben kann, der dadurch bestimmt ist. Das besagt weiter, daß bei zwei übereinstimmenden Doppelverhältnissen und Punktetripeln auch der vierte Punkt übereinstimmen muß. Das Gleiche gilt für Doppelverhältnisse von Geraden durch einen gemeinsamen Punkt. In Bild 80 ist bekannt, daß O (rs, tu) = O (r's', t'u'); weiß man ferner, daß r und r' Teile einer Geraden, daß s und s' Teile einer Geraden und daß t und t' Teile einer Geraden sind, so folgt notwendigerweise, daß u und u' Teile einer Geraden sind.

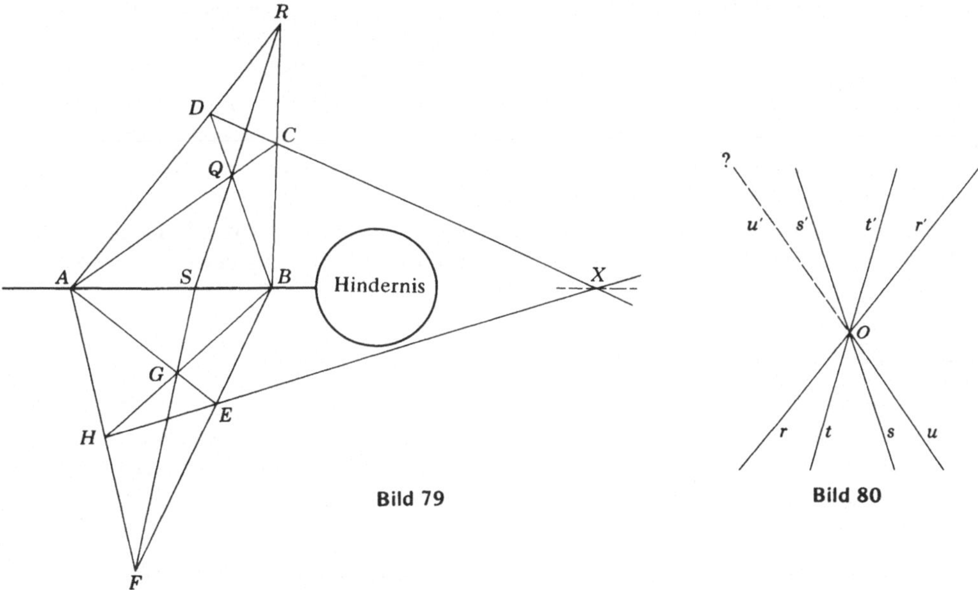

Bild 79

Bild 80

Wir wollen nun eine Verallgemeinerung des Satzes von Pappos beweisen, die bekannt ist als der

Satz des Pascal. Die Schnittpunkte der Gegenseitenpaare eines einem Kegelschnitt einbeschriebenen Sechsecks liegen auf einer Geraden.

Ist ABCDEF das Sechseck in Bild 81, dann sind P, Q, R die Punkte, von denen wir beweisen wollen, daß sie auf einer Geraden liegen. Die anderen gestrichelten Geraden der Figur sind Hilfslinien für den Beweis. Das Sechseck braucht sich nicht zu überschneiden; in diesem Falle müssen die Gegenseitenpaare bis zu ihren Schnittpunkten verlängert werden. Der Satz wird durch folgende Gleichungskette von Doppelverhältnissen bewiesen:

$$R(\overline{FL}, \overline{QE}) = C(\overline{FL}, \overline{QE}) = C(\overline{FD}, \overline{BE}) = A(\overline{FD}, \overline{BE}) = A(\overline{MD}, \overline{PE}) = R(\overline{MD}, \overline{PE}).$$

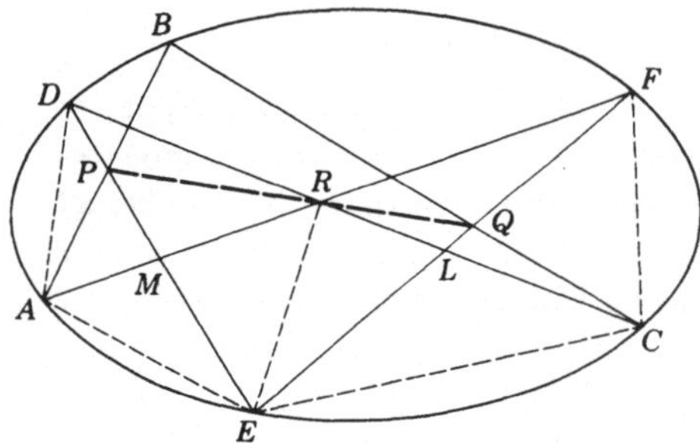

Bild 81

Nun stimmen beim ersten und letzten Doppelverhältnis drei Geraden überein (Bild 80). Daher müssen sie auch in der vierten Geraden übereinstimmen, was bedeutet, daß RQ und $\overline{RP}$ Teile derselben Geraden sind. Warum können wir den Satz von Pascal nicht in der folgenden naheliegenden und verführerischen Form beweisen? Wir gehen von einem gegebenen Kegelschnitt und einem einbeschriebenen Sechseck aus, dessen Gegenseiten parallel sind. Die drei Schnittpunkte der Gegenseiten liegen auf der Ferngeraden. Nun projizieren wir so, daß diese zu einer gewöhnlichen Geraden wird. Dann müssen diese Schnittpunkte kollinear bleiben, das Sechseck geht in ein anderes einbeschriebenes Sechseck eines Kegelschnitts über, und offenbar haben wir damit den Satz bewiesen. Stimmt dies wirklich?

7.6. Dualität

Wir wollen für den Augenblick sagen, daß „zwei Geraden auf einem Punkt liegen", wenn die beiden Geraden diesen Punkt gemeinsam haben, sich in diesem Punkt schneiden. Liegen drei Geraden auf einem Punkt, so laufen sie durch ihn hindurch. Obgleich es sonderbar klingt, so erlaubt es diese Sprechweise, die *Dualität* zwischen Punkten und Geraden besser herauszustellen.

Zwei Punkte bestimmen eine Gerade.	Zwei Geraden bestimmen einen Punkt.
Drei nicht auf einer Geraden liegende Punkte bestimmen ein Dreieck.	Drei nicht auf einen Punkt liegende Geraden bestimmen ein Dreieck.
Vier Punkte auf einer Geraden bestimmen ein Doppelverhältnis.	Vier Geraden auf einem Punkt bestimmen ein Doppelverhältnis.
Ein fünfter nicht auf dieser Geraden liegender Punkt bestimmt mit den anderen vier Punkten vier Geraden mit demselben Doppelverhältnis.	Eine fünfte nicht auf diesem Punkt liegende Gerade bestimmt mit den anderen vier Geraden vier Punkte mit demselben Doppelverhältnis.

Jede Aussage in der rechten Spalte ist ein genaues Gegenbild der entsprechenden Aussage in der linken Spalte, mit der Ausnahme, daß die Wörter „Gerade" und „Punkt" vertauscht sind. Die dritte Aussage erweist sich als *selbstdual:* In der einen Spalte wird nur die in der anderen Spalte gegebene Information wiederholt.

Jeder rein projektive Satz kann dualisiert werden. Diese bemerkenswerte Eigenschaft halbiert die Anzahl der Beweise der Sätze. Es ist nur notwendig, einen der Sätze jedes Paares zu beweisen: Der andere muß automatisch daraus folgen. Manche Lehrbücher der projektiven Geometrie geben alle dualen Sätze durch das ganze Buch hindurch in zwei Spalten nebeneinander an. Die projektive Dualität war schon lange bekannt, aber erst in jüngster Zeit wurde sie gründlich verstanden, eine Folge der Untersuchungen über die Grundlagen der Mathematik. Wir haben die Geometrie auf Axiomen aufgebaut. Können wir nun alle Axiome so aufstellen, daß sie ihre dualen Axiome einbeziehen, so ist mit jeder Aussage in dieser Geometrie auch ihre duale Form wahr. Sind in den Axiomen die Wörter *Punkt* und *Gerade* austauschbar, so sind sie überall austauschbar.

Eine derartige Menge von Axiomen, die für einen großen Teil der ebenen projektiven Geometrie reichen werden, ist die folgende:

1. Auf irgendzwei Punkten liegt genau eine Gerade und auf irgendzwei Geraden liegt genau ein Punkt.
2. Es gibt 2 Punkte und 2 Geraden, so daß jeder der Punkte auf genau einer der beiden Geraden und jeder der Geraden auf genau einem der beiden Punkte liegt.
3. Es gibt zwei Geraden und zwei nicht auf ihnen liegende Punkte, so daß der Punkt, der auf beiden Geraden liegt, auf der Geraden durch die beiden Punkte liegt.

Diese Axiome, meinetwegen auch Postulate, scheinen nicht viel auszusagen; sie bedeuten jedoch viel. Eine ganze projektive Geometrie kann auf ihnen aufgebaut werden. (Es sei vermerkt, daß sie nicht für die Euklid-Geometrie gelten; Axiom 1 sagt nämlich, daß sich zwei Geraden *stets* schneiden, selbst zwei parallele Geraden.)

Daß es möglich ist, diese Axiome aufzustellen und daher auch alle daraus folgenden Sätze in den dualen Formen, hat eine grundlegende Bedeutung. Dies bedeutet nämlich, daß projektive Aussagen über Punkte und Geraden nicht von der eigentlichen Bedeutung der Wörter „Punkt" und „Gerade" abhängen. Die Wörter sind *undefiniert* (Euklid kam in drollige Schwierigkeiten, als er versuchte, sie zu definieren). Aus langer Erfahrung glauben wir zu wissen, was wir meinen, wenn wir von „Punkt" und von „Gerade" spreche, aber vom Standpunkt der projektiven Geometrie könnten wir genau so gut dafür „hü" und „hott" sagen, und die Sätze würden weiter richtig bleiben. Wir werden dann auf die netten Bilder hinfort verzichten müssen, weil wir nicht ein „hü" oder ein „hott" zeichnen können; aber alle abstrakten Aussagen darüber würden keine Widersprüche oder Ungereimtheiten enthalten: Das mathematische System würde weiter florieren, weil dies bedeutet, daß keiner der Sätze von den Figuren abhängt.

Es stellt sich heraus, daß die Sätze von Desargues und von Pappos besondere metrische nicht rein projektive) Eigenschaften enthalten, wie wir es angedeutet haben, die nicht aus den obigen Axiomen hergeleitet werden können. Nichtsdestoweniger besitzen beide gültige duale Sätze. Der Satz von Desargues geht beim Dualisieren in sich über (der Leser möge es versuchen); aber uns ist noch nicht begegnet der

Duale Satz des Pappos. Gehen die Seiten eines Sechsecks abwechselnd durch zwei Punkte, so verlaufen die drei Verbindungsgeraden gegenüberliegender Ecken durch einen Punkt (Bild 82).

Das läßt vermuten, daß man einen neuen Satz dadurch *entdecken* kann, daß man einen bekannten Satz dualisiert. Es gibt ein berühmtes Beispiel dafür. Zwei Jahrhunderte nach *Pascal* dualisierte *C. J. Brianchon*, damals ein Student an der Ecole polytechnique in Paris, den Satz von Pascal, um einen neuen, davon recht verschiedenen Satz zu erhalten:

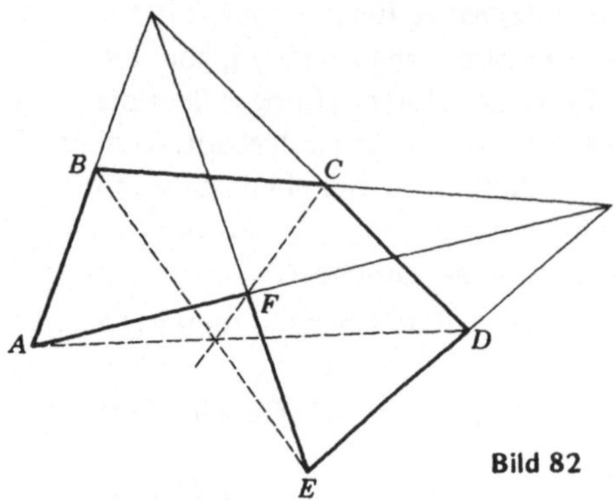

Bild 82

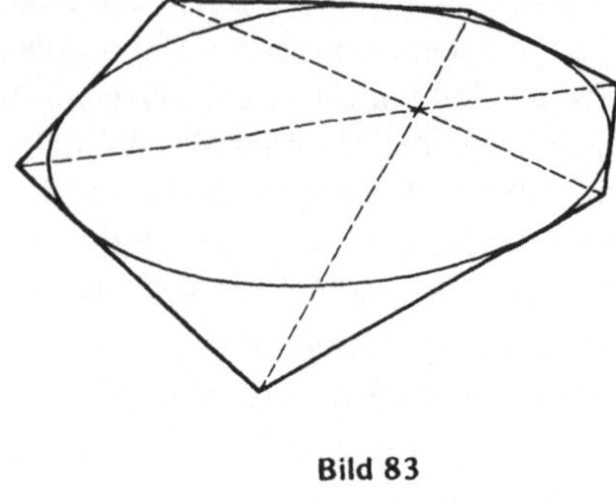

Bild 83

Satz von Brianchon: Die Verbindungsgeraden zweier Gegenecken eines einem Kegelschnitt umbeschriebenen Sechsecks gehen durch einen Punkt (Bild 83).

Das Duale von *Punkten* auf einem Kegelschnitt sind *Geraden* auf einem Kegelschnitt, d.h. Tangenten an diesen Kegelschnitt. Daher ist das Duale eines umbeschriebenen Sechsecks ein einbeschriebenes Sechsseit. In den Anmerkungen bringen wir die Sätze in ihren dualen Formen.

So wie der Satz von Pascal den Satz von Pappos verallgemeinert, so verallgemeinert der Satz von Brianchon den dualen Satz. Nach dem Dualitätsprinzip muß dies in der Tat möglich sein.

8. Einige Euklidische Themen

8.1. Ein Navigationsproblem

Der Mittelpunkt eines Kreises, der zwei sich schneidende Geraden $\overline{AB}$ und $\overline{AC}$ berührt, muß auf der Halbierenden des Winkels bei A liegen (Bild 84). Soll er außerdem noch eine dritte Gerade $\overline{BC}$ berühren, so gibt es zwei derartige Kreise mit dem Mittelpunkt I, dem Mittelpunkt des *Inkreises*, und E_a, dem Mittelpunkt eines *Ankreises*.

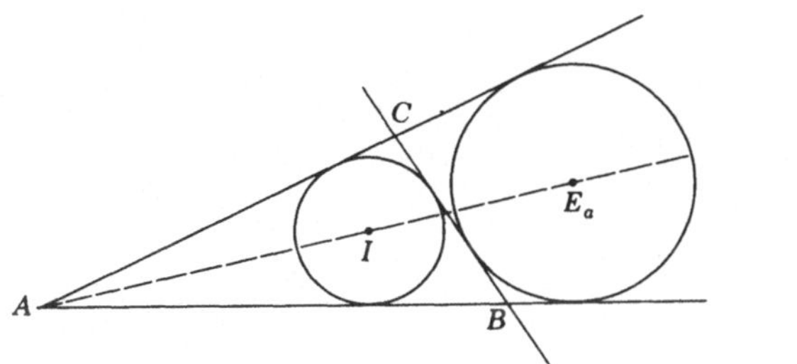

Bild 84

Wiederholen wir nun dieselben Überlegungen in bezug auf die Ecke B, so erhalten wir denselben Inkreis und einen Ankreis mit E_b als Mittelpunkt, entsprechend für C noch E_c (Bild 85). Wie wir früher in anderem Zusammenhang sahen, ist $\measuredangle 1 = \measuredangle 2$ und $\measuredangle 3 = \measuredangle 5$, daher auch $\measuredangle 3 = \measuredangle 4$. Nach dem Addieren folgt

$$\measuredangle 1 + \measuredangle 3 = \measuredangle 2 + \measuredangle 4,$$

was bedeutet, daß $\measuredangle 1 + \measuredangle 3$ ein rechter Winkel ist. Nun ist $\overline{E_aA}$ die Höhe auf $\overline{E_bE_c}$, und wir stellen fest, daß jedenfalls in dem besonderen Dreieck $E_aE_bE_c$ die Höhen durch einen Punkt gehen. Wir werden bald sehen, daß dies für alle Dreiecke gilt.

Wenn ein Steuermann auf See die Position seines Schiffes durch Sternbeobachtung feststellen will, so mißt er mit seinem Sextanten die Höhe des Sternes über dem Horizont. Das liefert ihm auf dem Ozean eine gerade Linie (in Wirklichkeit ist es ein Teil eines Kreises auf der Erdoberfläche) die die Ortslinie der Punkte ist, von der aus der Winkel zu irgendeiner gegebenen Zeit gemessen werden kann. Mit Hilfe von Navigationstafeln zeichnet er diese gerade Standlinie in seine Seekarte ein. Theoretisch könnte sich das Schiff irgendwo darauf befinden. Er wiederholt diesen Vorgang mit einem anderen Stern. Wo sich die beiden Standlinie schneiden, ist sein Standort.

In der Praxis nimmt er gewöhnlich Messungen an drei Sternen vor und zeichnet drei Standlinien. Infolge Ungenauigkeiten an den Instrumenten und am Chronometer, der schwankenden Plattform (Schiff!) und anderen Faktoren und schließlich durch menschliche Irrtümer und Fehler erhält man selten genau einen Punkt. Statt eines Schnittpunktes bilden die drei Standlinien ein Dreieck, von dem man nur hoffen kann, daß es genügend klein ist. Trifft dies zu, so nimmt er als Standort des Schiffes den Punkt I im Dreieck an (der von allen drei Seiten gleich weit entfernt liegt) und hält dies für eine gute Sache.

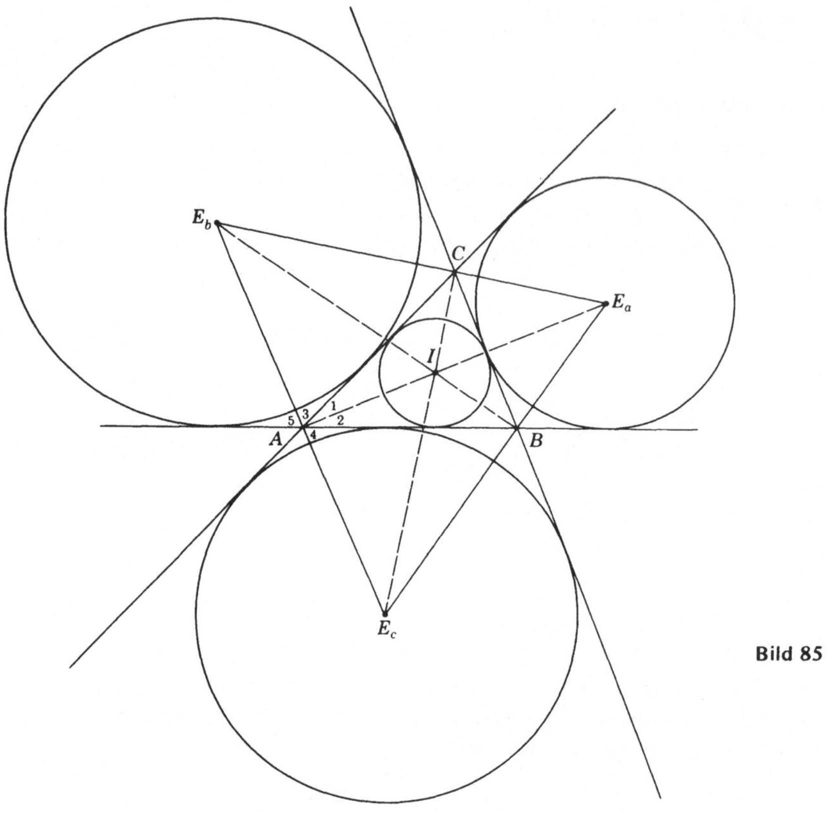

Bild 85

Man sollte bemerken, daß I zwar oft der wahrscheinlichste Standort des Schiffes ist, aber es braucht nicht immer so zu sein. Die Messungen an den Sternen müssen innerhalb weniger Minuten bei Zwielicht (Dämmerung) vorgenommen werden, wo gerade noch genug Licht ist, um den Horizont sichtbar zu machen. Nehmen wir an, daß die südliche Hälfte des Himmels durch Woken verdeckt ist, daß aber drei helle Sterne im Bereich zwischen NW und NO gut sichtbar sind. Aus diesen erhält der Steuermann die drei Standlinien AB, BC und CA (Bild 86). Bevor er daraus den Schluß zieht, daß das Schiff wahrscheinlich in I ist, muß er wenigstens die Möglichkeit E_c in Betracht ziehen. Wählt er I, so nimmt er an, daß seine Messungen drei Fehler enthalten, eine vom Stern weg und zwei zum Stern hin. Es kann aber auch möglich sein, daß systematische Fehler auftreten, etwa durch eine nichtentdeckte Falscheinstellung des Sextanten mit der Tendenz, zu hoch (oder zu tief) anzuzeigen, oder durch einseitige Ablesefehler am Instrument. Letzteres, was vielleicht bei einem Nonius eines älteren Sextanten möglich ist, wird bei einer modernen Mikrometer-Ablesung weniger wahrscheinlich sein. Ein derartiger Fehler macht E_c umso mehr wahrscheinlich, weil die Abweichungen alle in der gleichen Richtung (zum Stern) erfolgen. Sofern I und E_c einige Meilen voneinander entfernt sind, lohnt sich die Mühe, etwas zu unternehmen, um diese beunruhigende Möglichkeit auszuschalten.

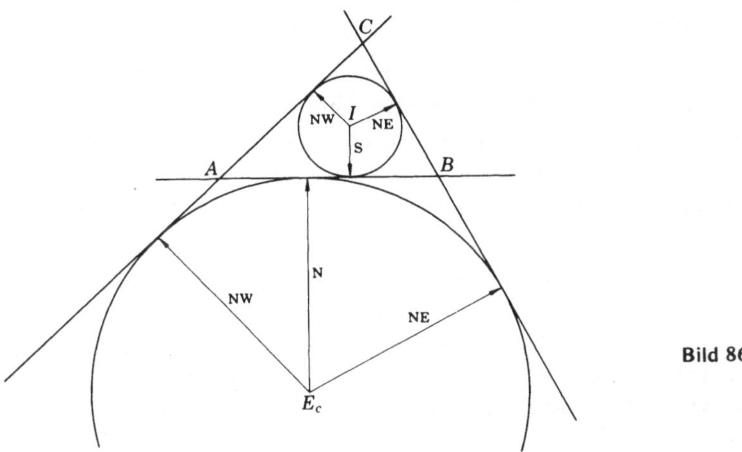

Bild 86

Der beste Weg, aus dieser Schwierigkeit herauszukommen, besteht darin, nicht drei Sterne auf demselben Himmelssektor zu nehmen. Wenn die Standlinie AB für einen Stern im Süden statt im Norden gezeichnet ist, dann würde der Punkt I die wahrscheinlichste Lage darstellen, selbst wenn ein systematischer Fehler vorhanden sein würde.

Kleine Seeschiffe bedienen sich insbesondere bei nebligem Wetter zur Bestimmung ihres Standortes der RDF-Ortung (Radio Direction Finder). Dieses Gerät neigt zu gleichmäßigen Fehlern stets nach rechts oder stets nach links entweder durch seinen Bau oder durch seine Handhabung durch unerfahrene Benutzer. Überdies liegen die drei Stationen im Empfangsbereich des Gerätes (gewöhnlich für die amerikanischen Hochseeyachten) an der Küste in einem 180° -Winkel. Das führt von alleine auf den Ankreis. Die drei Standlinien seien nun die angenommenen Richtungen der Stationen X, Y und Z (Bild 87). Hier kommt nur E_c ernsthaft in Frage; er ist der einzige Punkt, der von allen drei Peilgeraden gleich weit und nach der gleichen Seite abweicht.

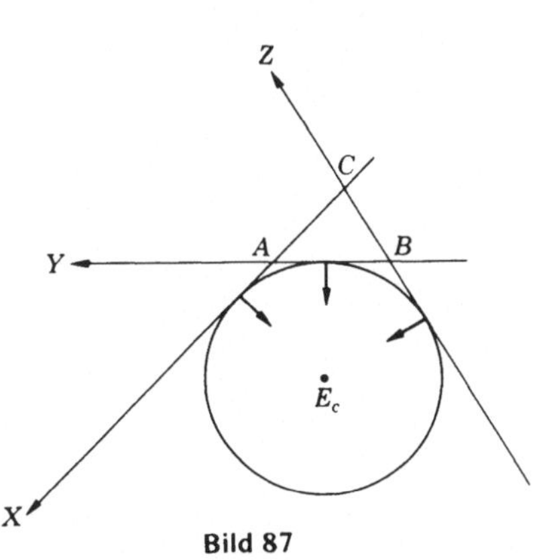

Bild 87

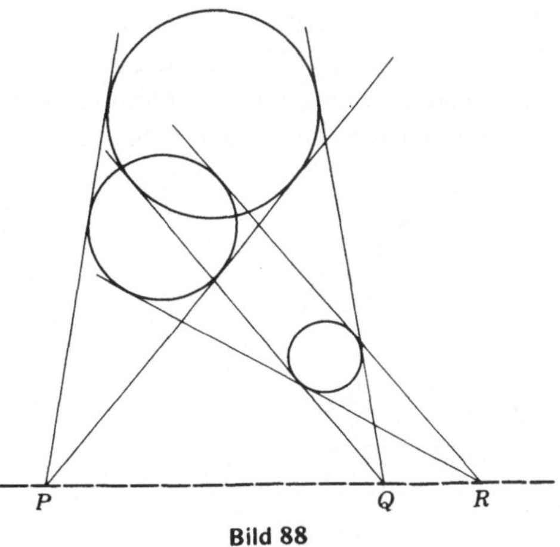

Bild 88

8.2. Ein Dreikreis-Problem

Es ist zu beweisen, daß die gemeinsamen äußeren Tangenten jedes Paares von drei verschieden großen Kreisen sich in drei kollinearen Punkten schneiden.

In Bild 88 ist also zu beweisen, daß P, Q und R auf einer Geraden liegen. Es gibt einen kurzen und einfachen Beweis, der nicht leicht aus einer hingeworfenen Skizze gefunden werden kann, weil er von der Einführung eines Hilfskreises abhängt. Nach diesem Hinweis möge der Leser einen Beweis versuchen, bevor er in den Anmerkungen nachblättert.

Wir hätten die wirkungsvolle projektive Methode zum Beweis der Kollinearität, aber diese würde hier nicht zum Erfolg führen. Wenn wir die Gerade PQ in die im Unendlichen liegende Strecke P′Q′ projizieren, sind die Tangentenpaare, die sich in P′ schneiden, parallel; ebenso ist das Tangentenpaar parallel, das sich in Q′ schneidet. Dies würde danach aussehen, daß man sagen könnte, die drei Kreise sind zu Kreisen mit gleichen Durchmessern geworden. Daher sind die Tangenten, die sich in R′ schneiden, auch parallel, was R′ mit P′ und Q′ auf die unendlichferne Gerade verlegt, so daß $\overline{PQR}$ ursprünglich eine Gerade war. Der Fehler liegt darin, daß vergessen wurde, daß sich Kreise im allgemeinen nicht in Kreise, sondern in andere Kegelschnitte projizieren. Es folgt also daraus nicht, daß R′ nach der Projektion im Unendlichen liegt.

Der durchsichtigste Beweis ist der über das dreidimensionale Gegenstück: Die Berührkegel jedes Paares von drei verschieden großen Kugeln haben kollineare Kegelspitzen. Um dies zu beweisen, denken wir uns drei auf einer Tischplatte liegende Kugeln, Dann gibt es genau eine andere Ebene, die die drei Kugeln so berührt, daß alle drei auf derselben Seite (unterhalb) dieser Ebene liegen. Die drei Kegel berühren beide Ebenen, die sich in einer Geraden schneiden. Die Spitzen der drei Kegel liegen daher ebenfalls auf dieser Geraden. Nun ist aber die Ebene aurch die Mittelpunkte der drei Kugeln die Ebene, die Bild 88 zeigt.

8.3. Die Euler-Gerade

Ist M der Mittelpunkt von $\overline{BC}$ (Bild 89), dann ist $\overline{AM}$ eine Seitenhalbierende des Dreiecks. Sind Q und R die Mittelpunkte von $\overline{AG}$ bzw. von $\overline{BG}$, so ziehe man $\overline{QR}$. Nun ist $\overline{MN}$ eine Parallele zu $\overline{AB}$ und halbiert die beiden anderen Seiten des Dreiecks ABC; $\overline{MN}$ ist daher halb so lang wie $\overline{AB}$. $\overline{QR}$ macht dasselbe im Dreieck ABG. Es sind $\overline{MN}$ und $\overline{QR}$ gleich und parallel und bilden daher das Parallelogramm MNQR. Die Diagonalen eines

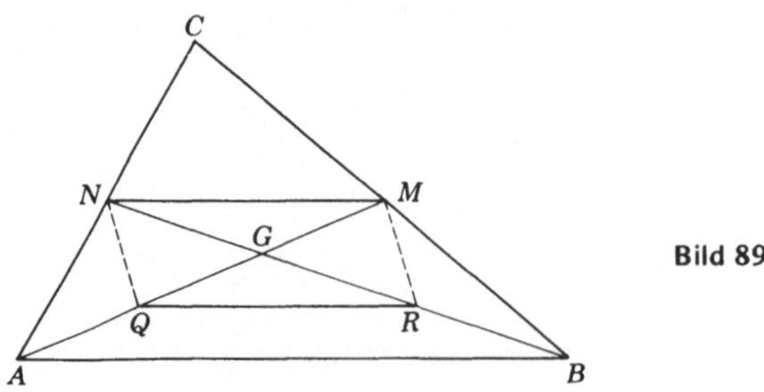

Bild 89

Parallelogramms halbieren sich gegenseitig, so daß $\overline{AQ} = \overline{QG} = \overline{GM}$ ist. Daher ist G ein Punkt, der die beiden Seitenhalbierenden $\overline{AM}$ und $\overline{BN}$ drittelt; in der gleichen Weise drittelt G auch die dritte Seitenhalbierende.

G heißt der *Schwerpunkt* des Dreiecks, wobei der Physiker sich das Dreieck als eine dünne Platte von überall gleichmäßiger Dichte vorstellt.

Der *Mittelpunkt* P des dem Dreieck umbeschriebenen Kreises heißt der *Umkreismittelpunkt*. Es gibt nur einen einzigen Umkreis, weil drei Punkte einen Kreis bestimmen. P ist also der einzige Punkt, der von allen drei Ecken gleich weit entfernt liegt und daher ist er (warum?) der Schnittpunkt der Mittelsenkrechten der drei Seiten.

Im Laufe des nächsten Beweises wird gezeigt werden, daß sich die drei Höhen in einem Punkte O schneiden, dem *Höhenschnittpunkt*.

In einem beliebigen Dreieck (mit Ausnahme eines rechtwinkligen) bestimme man P und G und verlängere die Strecke $\overline{PG}$ bis zu einem Punkt O, für den $\overline{OG} = 2\,\overline{GP}$ ist (Bild 90). Wegen der Schwerpunkt-Eigenschaft ist $\sphericalangle 1 = \sphericalangle 2$. Daher sind die Dreiecke OGC und PGM ähnlich und es ist $\sphericalangle 3 = \sphericalangle 4$. Diese sind Wechselwinkel und daher ist $\overline{CO}$ parallel zu $\overline{PM}$ und daher senkrecht zu $\overline{AB}$. Damit ist $\overline{CO}$ ein Teil der Höhe auf $\overline{AB}$. Aber O war allein durch P und G bestimmt; daher kann der Beweis in bezug auf $\overline{AO}$ und $\overline{BO}$ wiederholt werden, und wir erhalten:

(1) Die drei Höhen schneiden sich in O.

(2) Der Höhenschnittpunkt O, der Schwerpunkt G und der Umkreismittelpunkt P sind kollinear. OGP heißt die Euler-Gerade.

(3) G drittelt OP.

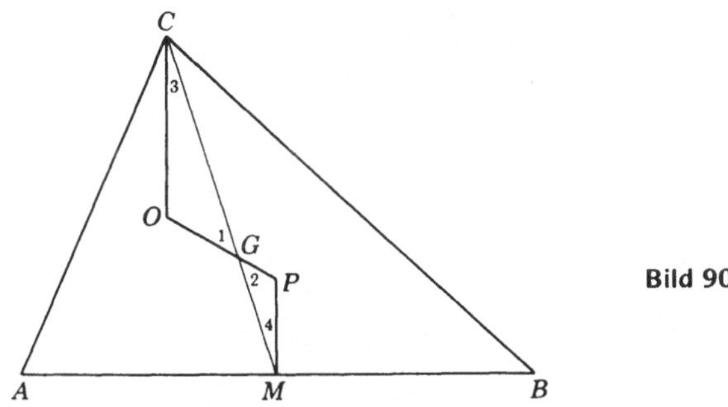

Bild 90

Insofern (2) feststellt, daß die drei Punkte auf einer Geraden liegen, wird man versucht sein, durch Dualisieren drei Geraden zu finden, die durch einen Punkt gehen. Sieht der Leser sofort, warum dies unmöglich ist? Der Beweis ist von nichtprojektiven Ideen gespickt: Rechtwinkligkeit, Länge gleich zwei Drittel einer anderen Länge, Ähnlichkeit von Dreiecken, Gleichheit von Winkeln – alles Eigenschaften, die nicht bei Projektion erhalten bleiben. Dieser Beweis deckt einige Unterschiede zwischen Euklid-Geometrie und projektiver Geometrie auf.

8.4. Der Neunpunktekreis

In jedem Dreieck ABC (Bild 91) liegen die Mittelpunkte A', B', C' der drei Seiten, die Mittelpunkte A'', B'', C'' der drei oberen Höhenabschnitte und die drei Höhenfußpunkte D, E, F auf einem Kreis.

Beweis: Aus demselben Grunde wie in Bild 89 ist A'B'A''B'' ein Parallelogramm, aber diesmal sind zwei Seiten parallel zu $\overline{CO}$, was senkrecht zu den beiden anderen Seiten liegt, so daß A'B'A''B'' ein Rechteck ist. Ebenso ist B'C'B''C'' ein Rechteck. Beide Rechtecke besitzen eine gemeinsame Diagonale B'B''. Nach Satz 1 (S. 4) genügt dies, damit A', A'', C', C'' alle auf dem Kreis mit dem Durchmesser B'B'' liegen. Überdies ist C'C'' ein anderer Durchmesser dieses Kreises und ∡ C''FC' ist ein rechter Winkel; daher liegt F auf dem Kreis. In der gleichen Weise bewirken die rechten Winkel ∡ B'EB'' und ∡ A'DA'', daß E und D auf dem Kreis liegen.

Der Neunpunktekreis ist der Umkreis des Dreiecks A'B'C', das dem Dreieck ABC ähnlich ist, dessen Seiten aber nur halb so groß wie die des Dreiecks ABC sind. Daher ist auch der Radius des Neunpunktekreises halb so groß wie der Radius des Umkreises des Ausgangsdreiecks ABC (Bild 92).

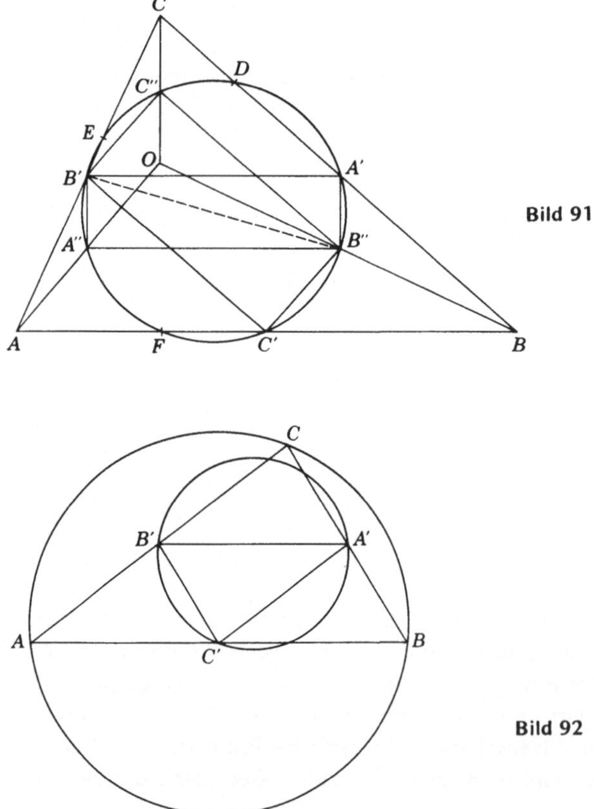

Bild 91

Bild 92

8.5. Ein Dreiecksproblem

Der folgende Satz war im Jahre 1968 als ein Problem in der Zeitschrift *American Mathematical Monthly* gestellt worden. Auf den Seiten des Dreiecks ABC werden nach außen die Quadrate BCDE, ACFG und BAHK errichtet. Dann werden die Parallelogramme FCDQ und EBKP gezeichnet. Dann ist PAQ ein gleichschenklig-rechtwinkliges Dreieck, was zu beweisen ist.

Die Quadrate über den drei Seiten lassen die Figur wie die des Satzes des Pythagoras aussehen. Aber ABC ist kein rechtwinkliges Dreieck, sondern irgendein Dreieck. Es ist kaum zu glauben, daß dann daraus etwas metrisch so präzises herauskommt wie ein gleichschenklig-rechtwinkliges Dreieck. Daß es aber zutrifft, kann mit den einfachsten Mitteln der Schulgeometrie bewiesen werden. Der Leser mag daran seine Phantasie testen, bevor er weiterliest. Es ist nicht so ganz einfach ... Viel Glück! Wenn es nicht klappt, einen Tip: Ziehen Sie die Diagonalen $\overline{BP}$ und $\overline{CQ}$ der Parallelogramme.

In diesem Kapitel haben wir Themen besprochen, die man zu den fortgeschrittenen der klassischen Schulgeometrie rechnen würde. Die Sätze über Dreiecke und Kreise lassen sich ohne Ende fortsetzen, Erweiterung nach Erweiterung, je mehr die Geometer Beziehungen zwischen besonderen Punkten, Geraden, Dreiecken und Kreisen finden – und dann zwischen Ebenen, Tetraedern und Kugeln, wenn eine Dimension hinzugefügt wird. Für diejenigen, die dieser Art von Mathematik zugetan sind und mehr von ihr wissen wollen, sind Hinweise in den Anmerkungen angegeben.

9. Der Goldene Schnitt

9.1. Das Pentagramm

Beschreiben wir einem Kreis ein regelmäßiges Fünfeck ein und ziehen darin alle Diagonalen, so erhalten wir so viele miteinander verbundene Beziehungen, daß die Figur den Namen *mystisches Pentagramm* verdient hat (Bild 93). Die Dreiecke ACD und CDQ sind ähnlich, weil sie den Winkel bei D gemeinsam haben und $\sphericalangle 1 = \sphericalangle 2$ (warum?) ist. Außerdem sind sie wegen $\overline{AD} = \overline{AC}$ gleichschenklig. Daher gilt für die Seitenverhältnisse

$$\frac{\overline{AD}}{\overline{QC}} = \frac{\overline{QC}}{\overline{QD}}.$$

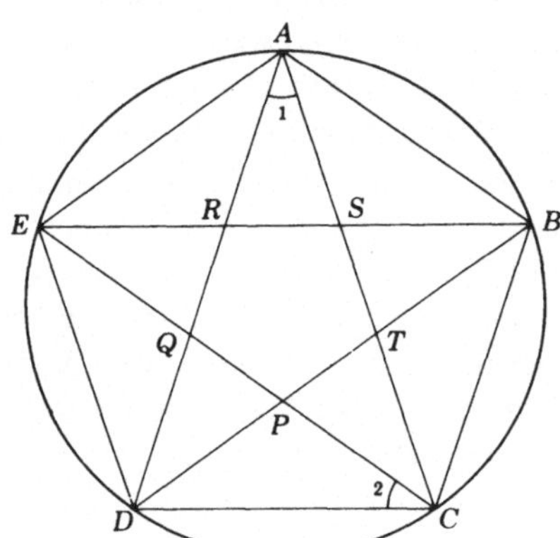

Bild 93

Nun ist aber $\overline{QC} = \overline{AQ}$ (warum?) und daher folgt nach Einsetzen

$$\frac{\overline{AD}}{\overline{AQ}} = \frac{\overline{AQ}}{\overline{QD}}. \qquad (1)$$

Die Diagonale ist somit im geometrischen Mittel geteilt, so daß der größere Abschnitt das geometrische Mittel aus der ganzen Strecke und dem kleineren Abschnitt ist. Die Griechen nannten eine solche Teilung eine Teilung im *Goldenen Schnitt.*

Setzen wir das Verhältnis $\overline{AD} : \overline{AQ} = \varphi$. Ist für $\overline{AQ} = 1$ gewählt worden, dann ist $AD = \varphi$ und $QD = \varphi - 1$. Aus Gleichung (1) folgt

$$\varphi = \frac{1}{\varphi - 1} \qquad (2)$$

oder

$$\varphi^2 - \varphi - 1 = 0$$

Wir sind an der positiven Lösung dieser quadratischen Gleichung interessiert

$$\varphi = \frac{1}{2}(1 + \sqrt{5}) = 1{,}62 \text{ (genähert).}$$

Dreieck ADC ist gleichschenklig, wobei der Winkel an der Spitze gleich der Hälfte jedes Basiswinkels ist (vergleiche die ausgeschnittenen Bogen auf dem Kreis). Daher ist die Winkelsumme im Dreieck

$$A + 2A + 2A = 180°,$$

woraus $5A = 180°$, $A = 36°$ folgt. Um daher einem gegebenen Kreis ein regelmäßiges Fünfeck einbeschreiben zu können, benötigen wir eine Konstruktion des Winkels 36° mit Zirkel und Lineal. Zeichnen wir ein rechtwinkliges Dreieck mit der Kathete 1 und der dazu senkrechten Kathete $\frac{1}{2}$ (Bild 94), so beträgt die Hypotenuse $\frac{\sqrt{5}}{2}$. Dann ist

$$a = \frac{\sqrt{5}}{2} - \frac{1}{2}$$

und

$$b = 1 - a = \frac{1}{2} - \frac{\sqrt{5}}{2}.$$

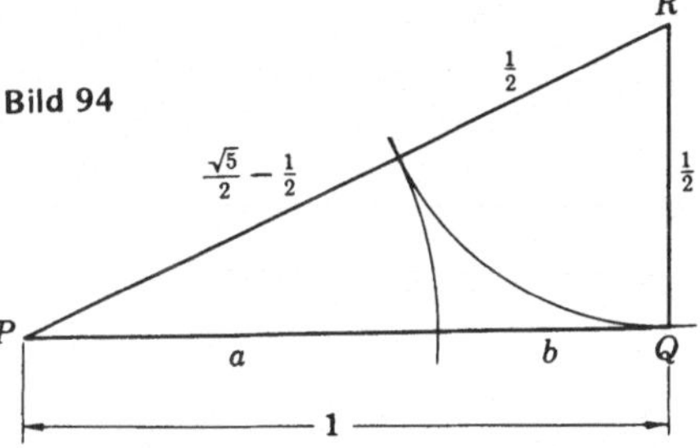

Bild 94

Ich überlasse es dem Leser, den arithmetischen Beweis durchzuführen, daß $1 : a = a : b$ ist, d. h. zu zeigen, daß die Einheitstrecke $\overline{PQ}$ im Goldenen Schnitt geteilt ist. Danach braucht man nur ein gleichschenkliges Dreieck, deren Schenkel gleich 1 und deren Basis gleich a ist, zu konstruieren, um den Winkel 36° zu erhalten. Dann wird jeder einem Kreis einbeschriebene Randwinkel von 36° auf dem Kreis einen Bogen ausschneiden, dessen Sehne die Seite des regelmäßigen Fünfecks ist.

Nehmen Sie ein langes Papierband und binden Sie einen einfachen Knoten hinein. Ziehen Sie ihn vorsichtig zu und glätten ihn; dann entsteht ein regelmäßiges Fünfeck (Bild 95). Was meinen Sie, warum dies geschieht? „Vielleicht, weil der Knoten fünf Falten benötigt." Wir zählen sie und finden nur drei. „Dann gibt es fünf Diagonalen." Nein, nur zwei Diagonalen sind durch Falten beendet, zwei weitere spielen eine untergeordnete Rolle und die fünfte erscheint überhaupt nicht. Ist es simples Zusammenfallen von Punkten oder Geraden, das dieses vollkommene kleine Fünfeck schafft? Gibt es andere Knoten, die ein

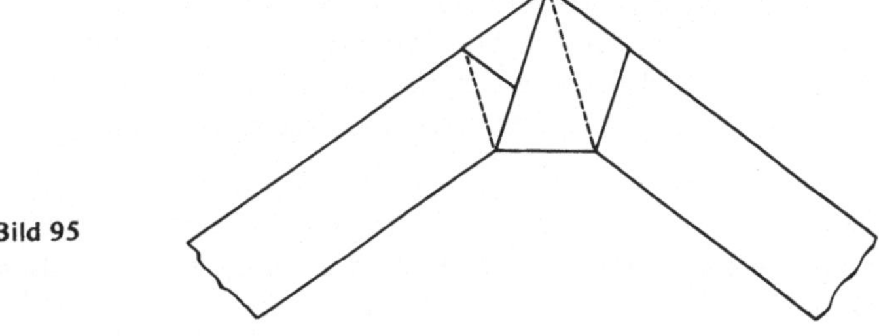
Bild 95

Sechseck liefern? Oder ein Siebeneck? Ich kenne die Antwort auf diese Fragen nicht. Die mathematische Theorie der Knoten ist ein neues und schwieriges Gebiet, und es ist nicht bekannt, ob dies ein Teil jener Theorie ist oder eine unbedeutende Zufallserscheinung.

9.2. Ähnlichkeiten und Spiralen

Zeichnen wir ein Rechteck mit der Grundseite φ und der Höhe 1 und schneiden ein Quadrat mit der Seite 1 ab wie in Bild 96, dann ergibt sich nach Gleichung (2)

$$\frac{\varphi}{1} = \frac{1}{\varphi - 1}$$

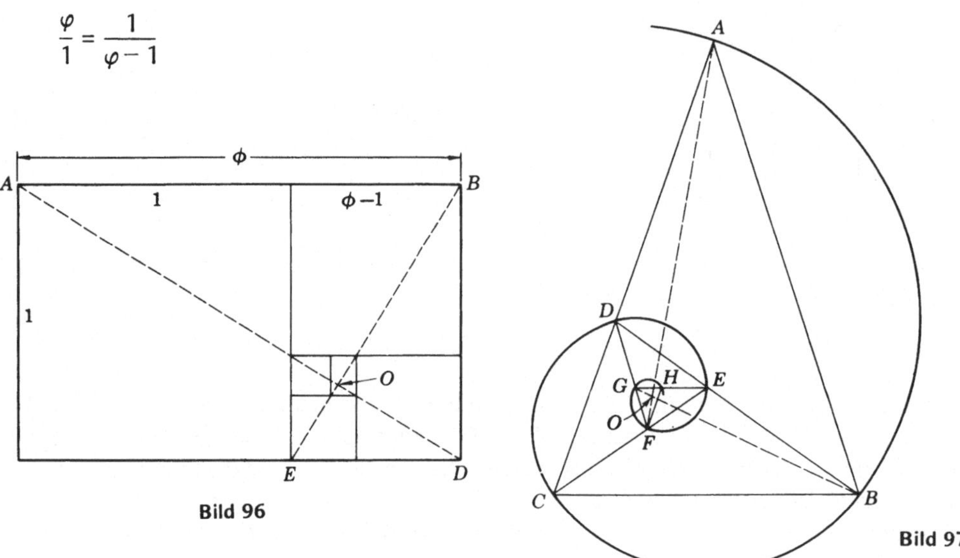

Bild 96

Bild 97

Das heißt, daß das übrigbleibende Rechteck ebenfalls das Seitenverhältnis $\varphi : 1$ besitzt. Dieser Vorgang kann wiederholt werden, wobei das vierte neue Rechteck in ähnlicher Lage zum Ausgangsrechteck liegt. Wegen der fortgesetzten Ähnlichkeiten müssen die Diagonalen $\overline{AD}$ und $\overline{BE}$ auch Diagonalen aller übrigen Rechtecke sein, und ihr Schnittpunkt O ist der Grenzpunkt, um den herum sich alle scharen.

Ein analoger Vorgang liefert die verschachtelten Dreiecke des Bildes 97. Hier sind aufeinanderfolgende ähnliche Dreiecke um 108° anstatt um 90° verdreht. Das Dreieck FGH ist das fünfte in der Folge (ABC nicht mitgezählt), so daß wir erst beim zehnten Dreieck eine zum Ausgangsdreieck ähnliche Lage erhalten. Der Schnittpunkt von irgendzwei der zehn möglichen Geraden, die eine Spitze mit der des nächsten entgegengesetzt orientierten Dreiecks verbindet, wie z. B. $\overline{AF}$ und $\overline{BG}$, liegt im Grenzpunkt O, der allen gemeinsam ist.

Nehmen wir $\overline{OB}$ als die Längeneinheit auf der Achse eines Polarkoordinatensystems an, dann können wir in Polarkoordinaten die Gleichung einer einzigen kontinuierlichen Spirale angeben, die durch die Punkte A, B, C, D, ... hindurchgeht. Ist θ der Winkel bei O im Bogenmaß, dann wächst die Entfernung r von O um ein bestimmtes Vielfaches von

φ für jede weitere Drehung um 108° und nimmt um dieselben Vielfachen von φ ab bei Drehungen um – 108°. Da 108° = $\frac{3\pi}{5}$ Grad, so lautet die Gleichung der Spirale

$$r = \varphi^{\frac{5}{3\pi}\theta}$$

Nimmt θ die ganzzahligen Vielfachen von $\frac{3\pi}{5}$ an, z. B. $2 \cdot \frac{3\pi}{5}$, so wird $r = \varphi^2$, usw.

In Bild 96 tritt Ähnlichkeit für alle 90° = $\frac{\pi}{2}$ auf, so daß die Gleichung der Spirale

$$r = \varphi^{\frac{2}{\pi}\theta}$$

wäre. Ein etwas größerer Exponent bedeutet, daß die Windungen etwas weiter als bei der ersten Spirale auseinander liegen, wenn die beiden Skalen gleiche Einheiten aufweisen.

Wegen der fünffachen Symmetrie gibt es im Falle des Fünfecks verschiedene mögliche Spiralen. So hängt z. B. in Bild 98 die Ähnlichkeit zwischen ABCDE und PQRST (in dieser Reihenfolge) von einer Drehung um 180° oder π ab. Aber der Ähnlichkeitsfaktor ist nicht länger φ, sondern wegen

$$\frac{\varphi}{1-\varphi} = \varphi \cdot \frac{1}{1-\varphi} = \varphi^2 \qquad (2)$$

Daher ist die Gleichung der Spirale

$$r = (\varphi^2)^{\frac{1}{\pi}\theta} = \varphi^{\frac{2}{\pi}\theta}$$

Das dies das Gleiche ist, was man für das Rechteck erhält, erklärt auch, warum Bild 98 möglich ist. Punkt C ist die Ecke des inneren Fünfecks gegenüber von A, und E würde in die Ecke des nächstkleineren (nicht gezeichneten) Fünfecks gegenüber von C fallen. Der Grenzpunkt O der Rechtecke und der Fünfecke ist der Mittelpunkt des Kreises, der jedem Fünfeck umbeschrieben werden kann.

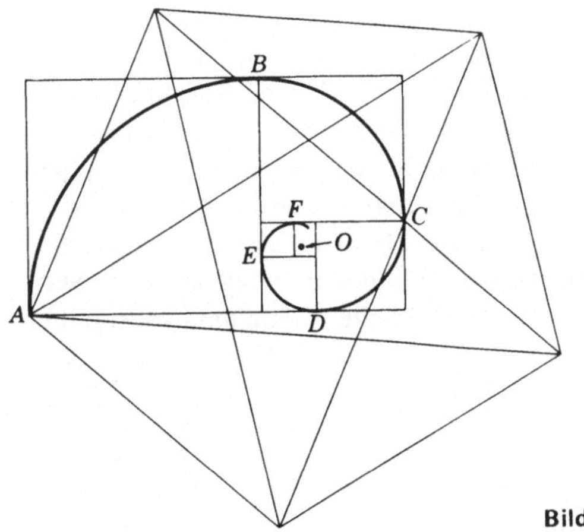

Bild 98

Diese logarithmische Spirale ist sowohl bei der Nautilus-Muschel und anderen Seemuscheln wie auch bei der bescheidenen Gartenschnecke anzutreffen. Es würde für ein Lebewesen unnatürlich sein, wenn es sein tragbares Haus in einer Spiralenform bauen würde, die der Ähnlichkeitseigenschaft entbehren würde. Was gefordert wird, ist eine Bauart, bei der das Gehäuse während des Wachsens des Tieres die gleiche Form behält. Die logarithmische Spirale hat gerade die Form, die dieser Forderung genau entspricht.

9.3. Die regulären Polyeder

Die Oberfläche der konvexen regelmäßigen Körper besteht aus kongruenten regelmäßigen Vielecken, die in kongruenten räumlichen Ecken zusammenstoßen. Es gibt nur fünf regelmäßige Körper, die wir in einer Tabelle nach der Anzahl ihrer Flächen und Ecken zusammenstellen:

Polyeder	Anzahl der Flächen	Anzahl der Ecken	Art der Flächen
Tetraeder	4	4	Dreieck
Würfel	6	8	Quadrat
Oktaeder	8	6	Dreieck
Dodekaeder	12	20	Fünfeck
Ikosaeder	20	12	Dreieck

Warum gibt es sicher nur fünf regelmäßige Körper? Es gibt **unendlich** viele regelmäßige Vielecke; warum gibt es nicht mehr regelmäßige Polyeder? Die Gestalt der Ecken, zusammen mit der letzten Spalte der Tabelle, liefert die Antwort. Alle Vieleckswinkel, die an irgendeiner Ecke zusammenstoßen, müssen zusammen *kleiner* als 360° sein. Zum Beispiel gibt es außer dem Würfel keinen anderen Körper, der nur durch Quadrate begrenzt wird. Vier Quadrate, die in einer Ecke zusammenstoßen, würden dort eine Winkelsumme von 360° ergeben; eine solche Ecke würde in eine Ebene ausgebreitet sein; das ist der Grenzfall und liefert nicht die Ecke eines Polyeders. Auch wenn man drei Sechsecke zusammenlegt (Bild 99), sind die 360° aufgebraucht und es gibt keine Möglichkeit, daß dort die Ecke von drei nichtebenen Flächen entstehen könnte. Für regelmäßige Vielecke von sieben und mehr Ecken sieht es noch schlechter aus: Sie können nicht einmal in der Ebene zu Dreien um einen Punkt herum gruppiert werden. Es bleiben daher nur regelmäßige Fünfecke, Vierecke und Dreiecke als Begrenzungsflächen übrig. Drei Fünfecke können eine Polyederecke bilden, aber vier sind schon zuviel. Es gibt daher gerade ein mögliches regelmäßiges Polyeder mit regelmäßigen Fünfecken als Begrenzungsflächen. Aus demselben Grunde gibt es nur ein Polyeder mit quadratischen Flächen. Bei Dreiecken können aber drei, vier oder fünf gleichseitige Dreiecke ein Polyederecke bilden und liefern so drei verschiedene regelmäßige Körper mit Dreiecksflächen. Damit ist die Aufstellung vollständig.

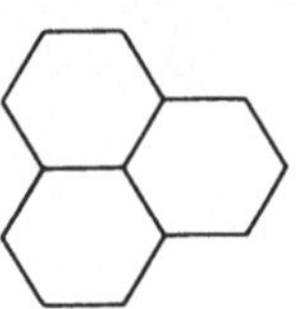

Bild 99

Diese Körper sind sicherlich Gegenstände der metrischen und nicht der projektiven Geometrie. Doch zeigen sie eine Art von Dualität, wie man schon in der Tabelle bemerkt haben wird. Jeder Körper ist das duale Gegenstück eines anderen, der daraus durch Vertauschung der Anzahl der Flächen und Ecken hervorgeht. Zählt man das Tetraeder doppelt, als zu

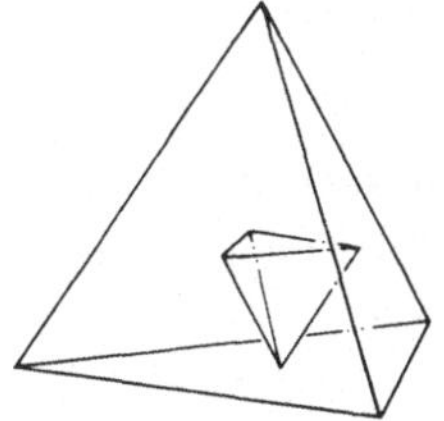
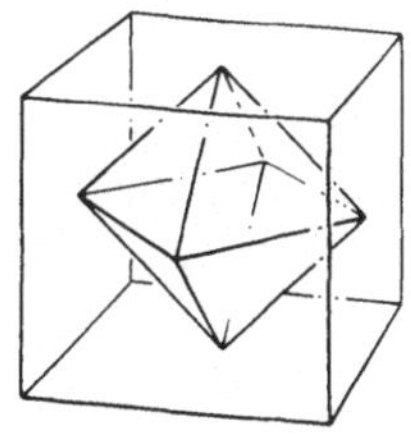
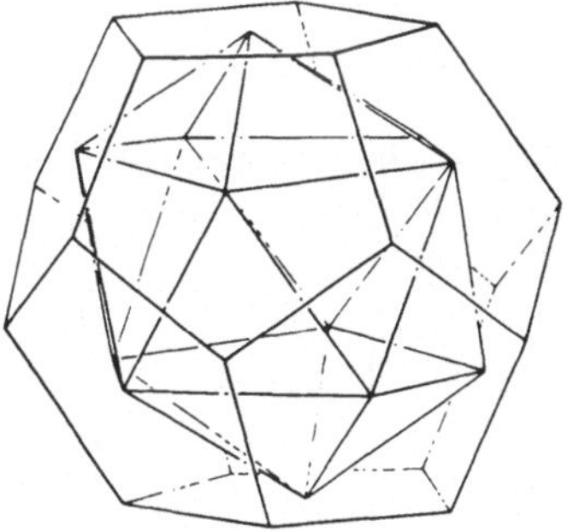

Bild 100

sich selbst dual, so gibt es drei duale Paare. Sie sind in Bild 100 so angeordnet, daß die Dualität sichtbar wird. Jede Ecke eines inneren Polyeders liegt im Mittelpunkt einer Fläche des äußeren Polyeders. Im 15. Jahrhundert beschrieb *Fra Luca Paccioli* in einem Buch *De Divina Proportione* dreizehn verschiedene Eigenschaften des Goldenen Verhältnisses φ. Die zwölfte „fast unbegreifliche Eigenschaft" betrifft das regelmäßige Ikosaeder. Die fünf dreieckigen Flächen an jeder Ecke bilden eine Pyramide, deren Grundfläche ein regelmäßiges Fünfeck ist. Zwei Gegenkanten eines Ikosaeders bilden die Seiten eines Rechtecks, dessen längere Seiten Diagonalen eines der Fünfecke ist. Aus der Besprechung des Pentagramms wissen wir, daß solch ein Rechteck ein „goldenes" ist. Seine vier Ecken sind vier Ecken des Ikosaeders. Die übrigen acht müssen symmetrisch gelegene Ecken von zwei weiteren solchen Rechtecken sein, was bedeutet, daß die zwölf Ecken der drei senkrecht zueinander liegenden goldenen Rechtecke in Bild 101 die Ecken eines regelmäßigen Ikosaeders bilden. Wegen der Dualität sind sie in gleicher Weise die Mittelpunkte der Seitenflächen eines Dodekaeders.

Bild 101

9.4. Die Kettenbrüche für φ

Nach der Definition von φ gilt

$$\varphi^2 - \varphi - 1 = 0 \quad \text{oder} \quad \varphi^2 = \varphi + 1$$

Dividieren durch φ ergibt

$$\varphi = 1 + \frac{1}{\varphi}$$

Nun mache man das, was die Computer-Leute eine Schleife nennen: Man setze den Ausdruck für φ in sich selbst ein. Das heißt, setze den rechten Ausdruck auf der rechten Seite für φ ein:

$$\varphi = 1 + \frac{1}{\varphi} = 1 + \frac{1}{1 + \frac{1}{\varphi}}$$

Setze den Prozeß unendlich fort, um so einen Kettenbruch für φ zu erhalten:

$$\varphi = 1 + \cfrac{1}{1 + \cfrac{1}{1 + \cfrac{1}{1 + \cfrac{1}{1 + \cfrac{1}{1 + \ldots}}}}}$$

Falls dieser Ausdruck gegen φ konvergiert, so bedeutet dies, daß wir einen *endlichen* Kettenbruch angeben können, dessen Wert so dicht wie wir wollen an den von φ herankommt, wenn wir nur den Kettenbruch genügend weit fortsetzen. Die Konvergenz kann bewiesen werden, aber wir wollen dies hier nicht versuchen. Wir sehen uns nur die ersten Glieder der *konvergenten* Folge der Kettenbruchwerte an:

$$1 = \frac{1}{1} = 1{,}0$$

$$1 + \frac{1}{1} = \frac{2}{1} = 2{,}0$$

$$1 + \frac{1}{1 + \frac{1}{1}} = \frac{3}{2} = 1{,}5$$

$$1 + \cfrac{1}{1 + \cfrac{1}{1 + \cfrac{1}{1}}} = \frac{5}{3} = 1{,}67$$

Offensichtlich ist diese Art der Berechnung umständlich und mühsam. Jedes Glied c_n der Folge läßt sich durch das vorhergehende c_{n-1} ausdrücken:

$$c_n = 1 + \frac{1}{c_{n-1}}$$

Die Folge kann leichter auf diese Weise fortgesetzt werden:

$$1 + \frac{2}{3} = \frac{5}{3} = 1{,}67$$

$$1 + \frac{3}{5} = \frac{8}{5} = 1{,}6$$

$$1 + \frac{5}{8} = \frac{13}{8} = 1{,}625$$

$$1 + \frac{8}{13} = \frac{21}{13} = 1{,}615$$

Diese Zahlen nähern sich φ, wobei sie φ abwechselnd von unten und von oben einschließen. Dies ist nur ein Teil einer langen Geschichte. Aber es ist leicht, das Bildungsgesetz der Folge der Nenner (*und* das der Folge der Zähler) der Brüche zu sehen: jeder Nenner und jeder Zähler wird durch Addieren der beiden vorhergehenden erhalten. Das sind die berühmten Fibonacci-Zahlen 1, 1, 2, 3, 5, 8, 13, 21, 34, 55, ...

Jedes weitere Verfolgen dieses Themas würde uns zu weit von der Geometrie wegführen. Wir erwähnen diese Dinge nur, weil sie die auffallende Verbindung aufzeigen sollen, die quer durch Teile der Algebra, Zahlentheorie, Geometrie und Analysis gehen, diesen Hauptzweigen der Mathematik, die einst als so verschieden voneinander angesehen wurden. Während des zwanzigsten Jahrhunderts wurde es immer klarer, daß kaum ein Gegenstand der Mathematik für sich isoliert besteht; und die Bedeutung eines Problems und das Interesse dafür sind durch diese Zwischenverbindungen stark erhöht worden.

10. Winkeldreiteilung

10.1. Die ungelösten Probleme des Altertums

Obwohl wir oft von den „drei" großen ungelösten Problemen des Altertums gelesen haben, so waren es in Wirklichkeit vier Probleme: Quadratur des Kreises, Verdopplung des Würfels, Dreiteilung des Winkels und die Konstruktion des allgemeinen regelmäßigen Vielecks. Alle Probleme sollten mit Zirkel und Lineal gelöst werden, den einzigen in der Euklid-Geometrie zugelassenen Zeichengeräten. Zwei Jahrtausende blieben sie ungelöst, erst im 19. Jahrhundert wurde ihre Unlösbarkeit bewiesen. Zu beweisen, daß ein Problem nicht unter vorgeschriebenen Bedingungen und Regeln gelöst werden kann, ist an sich einer Lösung gleichwertig, insofern damit das Problem aus der Liste der unerledigten Angelegenheiten ein für allemal gestrichen werden kann.

Der Grund, daß es so lange dauerte, bis diese vier Probleme erledigt werden konnten, liegt darin, daß sie in der falschen Weise angepackt worden sind. Wahrscheinlich hätte ihre Lösbarkeit niemals allein im Bereich der synthetischen (Euklid-) Geometrie entschieden werden können. Erst als sie in den viel schmiegsameren Rahmen der Analysis eingefügt werden konnten, war es möglich, die verhüllenden Schleier von Zirkel und Lineal zurückzuziehen, und zu sehen, was eigentlich diese Schwierigkeiten verursacht. Die notwendige Analysis übersteigt hier unseren Gesichtskreis; daher wollen wir nur allgemein die Methoden herausstellen, mit denen diese Probleme in Angriff genommen werden, indem wir im übrigen wegen der Einzelheiten auf andere Quellen verweisen müssen.

Als das schwierigste der vier Probleme stellt sich das erste heraus. „Quadratur des Kreises" ist die übliche Bezeichnung für die Aufgabe, die Seite eines Quadrates zu finden, dessen Fläche gleich der eines gegebenen Kreises ist. Da wir in der Wahl der Einheit frei sind, nehmen wir den Radius des Kreises gleich 1 an. Dann ist seine Fläche (πr^2) gleich π, und was wir suchen, ist eine Konstruktion von $\sqrt{\pi}$ oder π nur mit Zirkel und Lineal.

Die Lösungen zu all diesen Problemen blieben verschlossen, bis die Mathematiker an einen Punkt gelangten, wo die Probleme algebraisch statt geometrisch formuliert werden konnten. Zunächst mußte mit Hilfe von Ausdrücken der analytischen Geometrie festgestellt werden, welche Konstruktionen mit Zirkel und Lineal möglich sind. Ohne tiefere Untersuchungen fand sich bald, daß alle derartigen Konstruktionen durch rationale Operationen und Kombinationen von *Quadratwurzeln* dargestellt werden können, daß aber durch keine derartige Konstruktion irgendeine *Kubikwurzel* erhalten werden kann. Erfordert dann irgendeines der vier Probleme die konstruktive Bestimmung einer Kubikwurzel (oder noch etwas Schlimmeres) und wird dies als unvermeidlich nachgewiesen, dann ist das Problem mit Zirkel und Lineal nicht lösbar.

Kombinationen von nten Wurzeln und insbesondere Verbindungen von Quadratwurzeln sind stets Lösungen eines besonderen Gleichungstyps, nämlich von algebraischen Gleichungen. Im Jahre 1882 wurde in harter Arbeit schließlich bewiesen, daß π nicht Lösung irgendeiner algebraischen Gleichung sein kann; damit ist π auch keine mit Zirkel und Lineal konstruierbare Zahl.

Einen Würfel verdoppeln bedeutet, die Kante eines Würfels zu finden, dessen Volumen das doppelte eines gegebenen Würfels ist. Hat der gegebenen Würfel die Kantenlänge 1 und das Volumen 1, dann hat der gesuchte Würfel das Volumen 2 und die Kantenlänge $\sqrt[3]{2}$. Wir wissen aber, daß Kubikwurzeln nicht mit Zirkel und Lineal konstruiert werden können.

Das Problem der Dreiteilung des Winkels enthält sowohl Trigonometrie als auch Algebra. Nach einer einfach herzuleitenden trigonometrischen Identität ist

$$4\cos^3\frac{\theta}{3} - 3\cos\frac{\theta}{3} = \cos\theta$$

Nehmen wir an, daß wir einen Winkel von 60° dreiteilen sollen, dessen Kosinus $\frac{1}{2}$ ist. Das bedeutet, daß wir x aus der Gleichung

$$4x^3 - 3x = \frac{1}{2}$$

bestimmen müssen. Nun haben wir zu zeigen, daß diese kubische Gleichung keine rationalen Zahlen oder rationale Kombinationen von Quadratzahlen als Lösungen hat. Dann ist ein Winkel 60° mit Zirkel und Lineal nicht in drei gleiche Teile teilbar. Gäbe es aber irgendein *allgemeines* Verfahren zur Dreiteilung mit Hilfe von Zirkel und Lineal, so würde dieses den Winkel 60° einbeziehen. Das beweist, daß es kein solches allgemeines Verfahren gibt.

Das vierte Problem betrifft die Konstruierbarkeit von regelmäßigen Vielecken mit Zirkel und Lineal. Die Griechen wußten, wie man in den Fällen n = 3, 4, 5 oder 6 ein regelmäßiges n-Eck konstruiert. Indem man diese Vielecke in Kreise einbeschreibt, fortlaufend die Seiten halbiert, erhält man Vielecke mit $n\,2^m$ Seiten, wobei m die Anzahl der Halbierungen bedeutet. Wie aber steht es mit regelmäßigen Vielecken von 7, 9 oder 11 Seiten? Das Problem wurde zuerst von *Gauß* gelöst, der nachwies, daß die Konstruierbarkeit eng mit den Fermat-Zahlen zusammenhängt.

Pierre de Fermat, der ein Jahrhundert früher starb, bevor *Gauß* geboren wurde, äußerte in bezug auf Zahlen der Form $2^{2^n} + 1$ eine Vermutung. Die ersten Zahlen sind

$$F_0 = 2^1 + 1 = 3$$

$$F_1 = 2^2 + 1 = 5$$

$$F_2 = 2^4 + 1 = 17$$

$$F_3 = 2^8 + 1 = 257$$

$$F_4 = 2^{16} + 1 = 65\,537$$

$$F_5 = 2^{32} + 1 = 4\,294\,967\,297$$

Fermat wußte, daß alle diese Zahlen bis einschließlich F_4 Primzahlen sind. Er vermutete, daß *alle* F_n Primzahlen sind; aber dies Vermutung war falsch. Wie *Euler* entdeckte, hat F_5 die Faktoren 641 und 6 700 417, und bis heute sind keine weiteren Fermat-Zahlen als Primzahlen bestätigt worden. Es ist wohl möglich, daß alle anderen Fermat-Zahlen keine Primzahlen sind.

Gauß' bemerkenswerte Leistung bestand darin, daß er zeigte, daß es möglich ist, den Kreisumfang in n gleiche Teile zu teilen (bei ungeradem n), wenn n eine Fermat-Primzahl oder ein Produkt von verschiedenen Fermat-Primzahlen ist. Dies hat er im Alter von 18 Jahren vollbracht, und wenn er jemals vorher daran gezweifelt hatte, so wußte er danach, daß die Mathematik seine Lebensaufgabe war.

Das regelmäßige Siebeneck ist nicht mit Zirkel und Lineal zu konstruieren, ebensowenig wie das 9-Eck und das 11-Eck. Die nächst möglichen n-Ecke mit ungeradem n sind das 15-Eck ($15 = 3 \cdot 5$) und das Siebzehneck. Die Nichtkonstruierbarkeit des Neunecks beweist nebenbei die Unmöglichkeit der Winkeldreiteilung. Wäre es nämlich möglich, einen Winkel von 60° in drei gleiche Teile zu teilen, so könnte man auch den Winkel 40° erhalten. Der Winkel 40° ist aber der Mittelpunktswinkel des Bestimmungsdreiecks eines einem Kreise einbeschriebenen regelmäßigen Neunecks, und dann wäre das Neuneck konstruierbar.

10.2. Andere Arten der Dreiteilungen

Obgleich wir einen Winkel nicht mit Zirkel und Lineal allein in drei gleiche Teile teilen können, so kennen wir doch eine Reihe von anderen Verfahren zur Dreiteilung.

a) Archimedes: Beschreiben Sie um den Scheitelpunkt des Winkels einen Kreis (Bild 102) mit dem Radius r und markieren Sie auf einem Maßstab die Strecke $\overline{AB} = r$. Nun ist eine solche Lage zu finden, wie sie Bild 102 zeigt. Dann ist der Winkel bei A gleich $\frac{1}{3}\theta$. Natürlich sind derartige Probiermethoden mit einem Strechzirkel in der Euklid-Geometrie nicht zugelassen.

Beweis: Ziehen Sie $\overline{BO}$ und dann $\overline{OC}$ parallel zu $\overline{AB}$. Dann ist

$$\measuredangle 1 = \measuredangle 2 = \measuredangle 3 = 2 \cdot \measuredangle 4 = 2 \cdot \measuredangle 5.$$

b) Der „Tomahawk“: Befestigen Sie nach Bild 103 eine halbkreisförmige Scheibe an einem T-Stück. Dieses Gerät kann als Dreiteiler eines Winkels dienen, wenn man es nach Bild 104 benutzt.

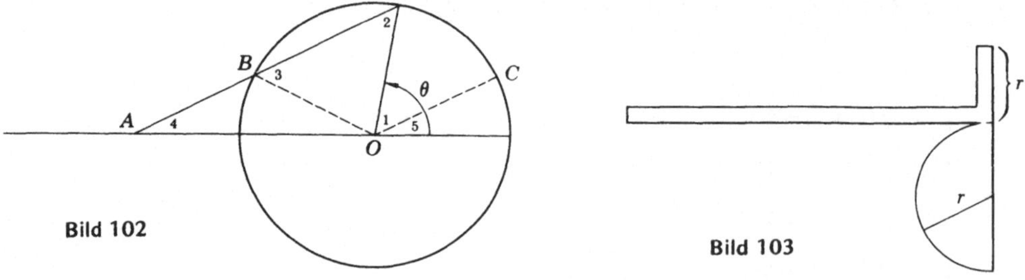

Bild 102

Bild 103

Beweis: Die Dreiecke OAB, OCB und OCD sind alle kongruent. Daher gilt

$$\measuredangle 1 = \measuredangle 2 = \measuredangle 3.$$

c) Nikomedes: Ziehe durch einen Punkt P auf dem Schenkel $\overline{OP}$ des Winkels $\measuredangle$ AOP eine Senkrechte auf $\overline{OA}$ und eine Parallele zu $\overline{OA}$. Bewege dann die Gerade $\overline{OB}$ so, bis $\overline{BC} = 2 \cdot \overline{OP}$ wird. Dann ist $\measuredangle$ 4 ein Drittel von $\measuredangle$ AOP.

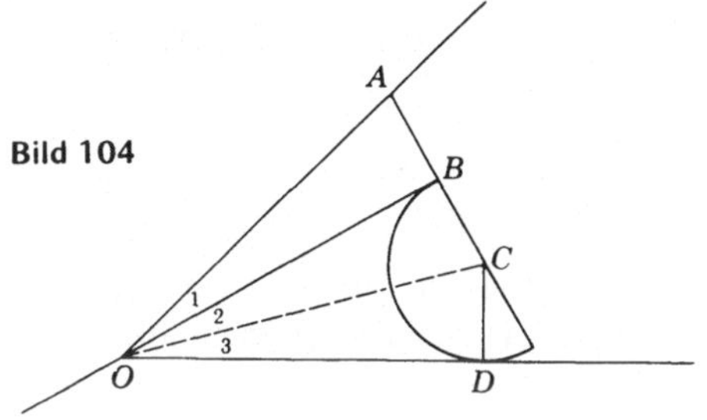

Bild 104

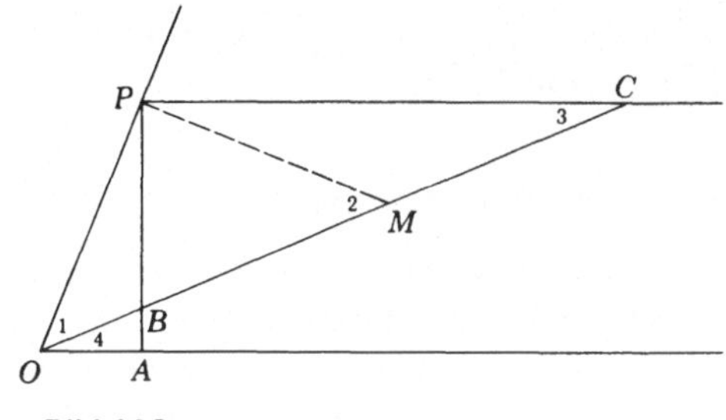

Bild 105

Beweis: Verbinde P mit M, dem Mittelpunkt von BC. Dann ist

$$\sphericalangle 1 = \sphericalangle 2 = 2 \cdot \sphericalangle 3 = 2 \cdot \sphericalangle 4.$$

Mathematisch stimmt dieses Verfahren mit dem des Archimedes überein. Man drehe, um dies einzusehen, das Bild 105 auf den Kopf und vergleiche es mit Bild 102.

d) Laufende Zweiteilung: Zeichne die Winkelhalbierende (1) des Winkels AOB (Bild 106). Halbiere die *untere* Hälfte dieses Winkels, das ergibt Gerade (2); dann halbiere die *obere* Hälfte des zuletzt halbierten Winkels (2), dann die *untere* Hälfte des zuletzt halbierten Winkels (4) usw., wobei sich Halbieren der oberen und der unteren Hälfte des zuletzt halbierten Winkels ablösen. Mit wachsendem n nähern sich die Halbierungsgeraden (n) der Dreiteilungsgeraden des Winkels AOB.

Beweis: Es sei AOB = θ. Nach der ersten Halbierung erhalten wir $\frac{\theta}{2}$. Davon wird bei der zweiten Halbierung $\frac{1}{2}\ \frac{\theta}{2}$ subtrahiert, dann bei der nächsten $\frac{1}{2}\left[\frac{1}{2}\left(\frac{\theta}{2}\right)\right]$ addiert, dann $\left(\frac{1}{2}\left[\frac{1}{2}\ \frac{1}{2}\left(\frac{\theta}{2}\right)\right]\right)$ subtrahiert usw. Nach n Halbierung erhalten wir den Winkel

$$\begin{aligned} \alpha_n &= \frac{\theta}{2} - \frac{\theta}{4} + \frac{\theta}{8} - \frac{\theta}{16} + - \ldots \pm \frac{\theta}{2^n} \\ &= \theta\left(\frac{1}{2} - \frac{1}{4} + \frac{1}{8} - \frac{1}{16} + - \ldots \pm \frac{1}{2^n}\right) \end{aligned}$$

In der Klammer steht eine geometrische Reihe, die für $n \to \infty$ gegen

$$\frac{a}{1 - r}$$

geht.

Hier ist $r = -\frac{1}{2}$, woraus

$$S = \frac{\frac{1}{2}}{1 + \frac{1}{2}} = \frac{1}{3}$$

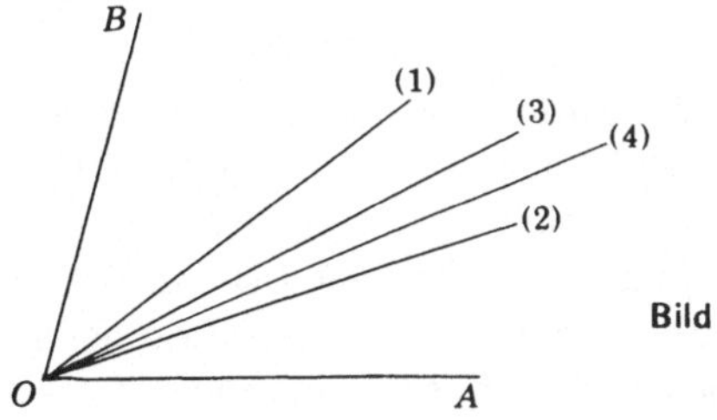

Bild 106

folgt, d. h. α_n geht gegen $\frac{1}{3}\theta$, wenn n unbegrenzt wächst.

11. Einige ungelöste Probleme der modernen Geometrie

11.1. Konvexe Mengen und geometrische Ungleichungen

Die berühmten historischen Probleme des vorigen Kapitels sind alle zufriedenstellend erledigt worden. Was bleibt noch zu tun? Die meisten gegenwärtigen Forschungen in der Mathematik überschreiten den Rahmen dieses Buches; wir können aber vielleicht einige Dinge andeuten, die die Geometer von heute beschäftigen.

Das Gebiet der *konvexen Figuren,* das erst vor einigen Jahren in die Untersuchungen einbezogen wurde (man müßte vielleicht besser sagen erfunden wurde), ist noch ganz offen. Eine ebene konvexe Figur ist eine Figur, bei der jede Verbindungsstrecke zweier ihrer Punkte ganz der Figur angehört. So ist die Fläche in Bild 107a konvex, die in Bild 107b dagegen nicht. Die konvexen Figuren brauchen nicht durch Kurven begrenzt zu sein: Jedes Dreieck bildet mit seinen Punkten im Innern eine konvexe Menge. Die Definition läßt sich auch auf konvexe Körper im dreidimensionalen Raum übertragen.

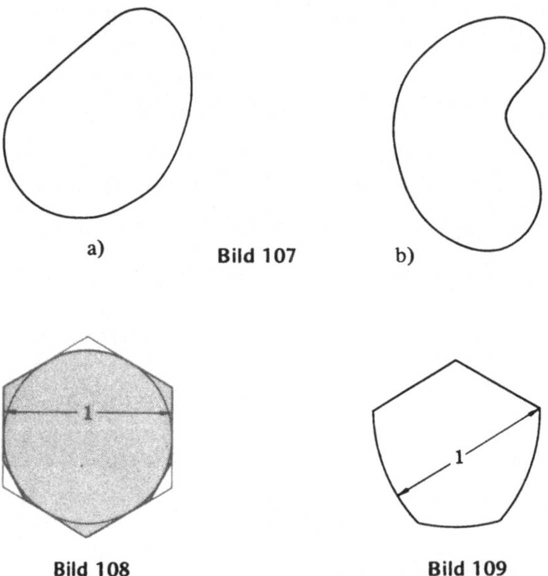

a) Bild 107 b)

Bild 108 Bild 109

Die größte Entfernung zwischen irgendzwei Punkten einer ebenen Figur, gleichgültig, ob sie konvex ist oder nicht, heißt ihr Durchmesser. Ein Problem von *Lebesgue* aus dem Jahre 1914 ist bis heute noch ungelöst: Es ist die Figur mit der kleinsten Fläche gesucht, die jede Figur mit dem Durchmesser 1 überdeckt (oder enthält). Eine Zeitlang hielt man die in Bild 108 getönte Fläche für eine Lösung. Sie besteht aus dem einem Kreis vom Durchmesser 1 umbeschriebenen regelmäßigen Sechseck, bei dem einige Ecken abgeschnitten sind. Das haut jedoch nicht hin; man kann damit nicht das Bild 109 überdecken, das den Durchmesser 1 besitzt. Selbst die Existenz von Lösungen eines solchen Problems kann nicht angenommen werden, wie wir gleich sehen werden. Aber wenn wir wissen, daß eine Lösung existiert, besteht das Problem darin, (a) die kleinste Fläche, (b) ihre Form zu finden. Es ist bewiesen worden, daß die kleinste Fläche zwischen 0,8257 und 0,8454 (einschließlich) Einheitsquadraten liegt. Die obere Grenze ergibt sich durch das Sechseck in Bild 108, bei dem zwei Dreiecke abgeschnitten sind. Der getönte Teil des Bildes 108 hat den Flächeninhalt 0,8319, der zwischen den beiden angegebenen Grenzen liegt. Selbst wenn die Figur keine Lösung darstellen sollte, erhöht dies nicht notwendigerweise die untere Grenze. Es *könnte* eine Lösung von anderer Form mit kleinerer Fläche geben. Obgleich dies kaum wahrscheinlich ist, ist man ohne Beweis nicht sicher.

Eine *Scheibe* (genauer Kreisscheibe) ist ein Kreis mit seinen inneren Punkten. A und B seien zwei gleiche Scheiben. Nun werde A durch eine Sehne in zwei Stücke A_1 und A_2 zerschnitten. Gefragt ist nach dem kleinsten Quadrat, das A_1, A_2 und B überdeckt, ohne daß diese sich überlappen. Ist h die Höhe des kleineren Teiles von A, dann hängt, wie man weiß, die Lösung von h ab und ist für einige h vollständig bestimmt. Ist z. B. h groß genug, liefert eine Anordnung wie in Bild 110a) eine Lösung; bei kleineren h muß man aber zu Bild 110b übergehen. Die Übergangswerte für h sind aber nicht bekannt. Hier wird eine Formel für die Länge der Quadratseite, ausgedrückt durch h, verlangt. In drei Dimensionen dürfte das Problem noch schwieriger zu lösen sein: Gegeben sind zwei gleiche Kugeln, von der eine durch einen ebenen Schnitt in zwei Teile zerlegt wird. Wie groß ist der kleinste kubische Kasten, in den diese drei konvexen Körper gerade hineinpassen?

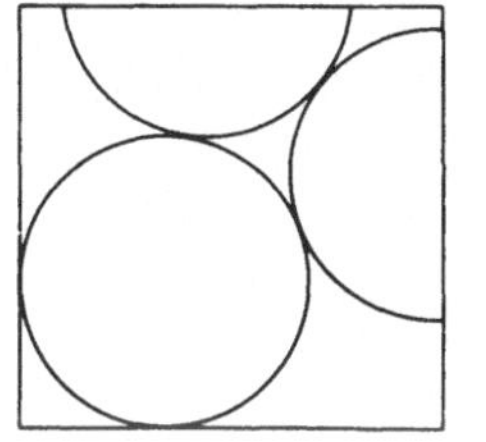
a)

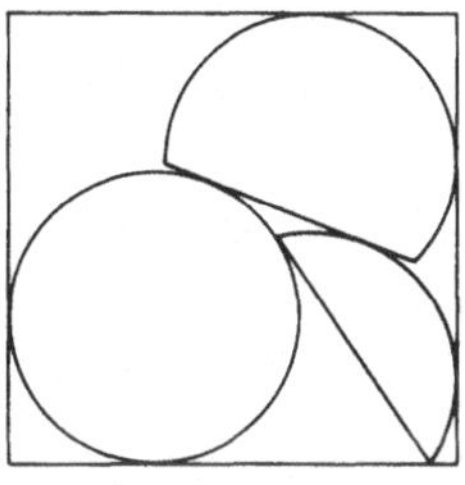
b)

Bild 110

Ist ein konvexer Körper, der bei Gleichgewicht sich in irgendeine Richtung bewegt, notwendigerweise eine Kugel? *H. T. Croft* hat einige verwandte Probleme vorgeschlagen: Bezeichne ebene Schnitte eines konvexen Körpers,

V: die stets ein gewisses konstantes Volumen abschneiden.
P: deren Schnittfläche einen konstanten Wert besitzt.
S: die stets eine konstante Fläche vom Körper abschneiden.
T: die einen konstanten Winkel mit den Tangentialebenen an allen Punkten des Randes bilden.

Durch Kombination von Fragen ergeben sich weitere, z. B. ob, wenn alle Schnitte vom Typ V auch vom Typ S sind, der Körper dann notwendigerweise eine Kugel ist. Ich weiß nicht, ob irgendeines dieser Probleme gelöst ist. Berühren die Kanten eines konvexen Polyeders eine Kugel vom Radius 1 und bilden einen Trichter, aus dem die Kugel nicht entrinnen kann, was ist dann die kleinstmögliche Länge der Kanten?

11.2. Das Malfatti-Problem

Ein Stück Marmor habe die Form eines geraden dreiseitigen Prismas. Wie kann man daraus drei zylindrische Säulen schneiden, so daß der geringste Verlust an Marmor entsteht? *Gianfrancesco Malfatti* stellte dieses Problem 1803, und es hat seither immer wieder von Zeit zu Zeit die Aufmerksamkeit der Euklid-Geometer auf sich gezogen. Das Problem läuft darauf hinaus, einem Dreieck drei Kreise so einzubeschreiben, daß die Summe ihrer Flächen ein Maximum wird. *Malfatti* und viele andere nahmen an, daß die drei Kreise sich gegenseitig und genau zwei Seiten des Dreiecks wie in Bild 111 berühren müßten. Zunächst ging es darum, für diese Lösung eine Konstruktion mit Zirkel und Lineal zu finden. Viele interessante Lösungen entstanden, und nach einiger Zeit wurde das Problem als gelöst betrachtet und zu den Akten gelegt.

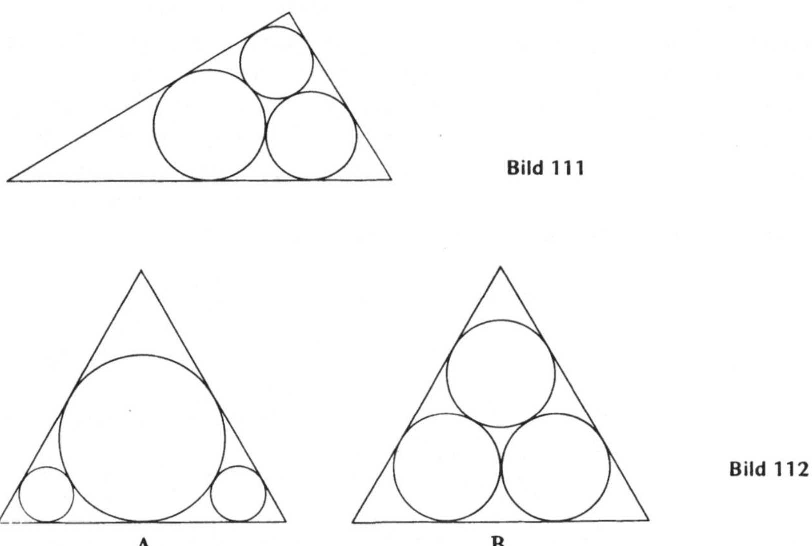

Bild 111

Bild 112

Bis zum Jahre 1930 fiel des niemandem auf, daß die Anordnung in Bild 111 nicht immer die Lösung des Original-Problems ist. Selbst beim gleichseitigen Dreieck haben die Kreise nach Bild 112A eine größere Fläche als in Bild 112B. Dann wies *Howard Eves* im Jahre 1965 darauf hin, daß im Falle eines langen dünnen Dreiecks die Kreise in Bild 113a eine Fläche haben, die beinahe doppelt so groß wie die in Bild 113b, der „klassischen" Lösung, ist. Es ist erstaunlich, daß dies 160 Jahre lang unbemerkt geblieben ist.

In der Tat, die Mathematiker hatten zuletzt gut lachen: Die Malfatti-Figur ist *niemals* die Lösung, welche Form das Dreieck auch hat. Dies wurde 1967 von *Michael Goldberg* behauptet, der zeigte, daß die beste Anordnung die von Bild 112A oder Bild 113a ist. (Es gibt noch einen Übergangsfall, bei dem wie in Bild 114 die beiden Anordnungen diesselbe Art von Kreisen enthalten.) Goldbergs Schlüsse gründen sich auf Berechnung und Zeichnungen; ein rein mathematischer Beweis ist zweifelsohne schwierig und noch nicht erbracht worden.

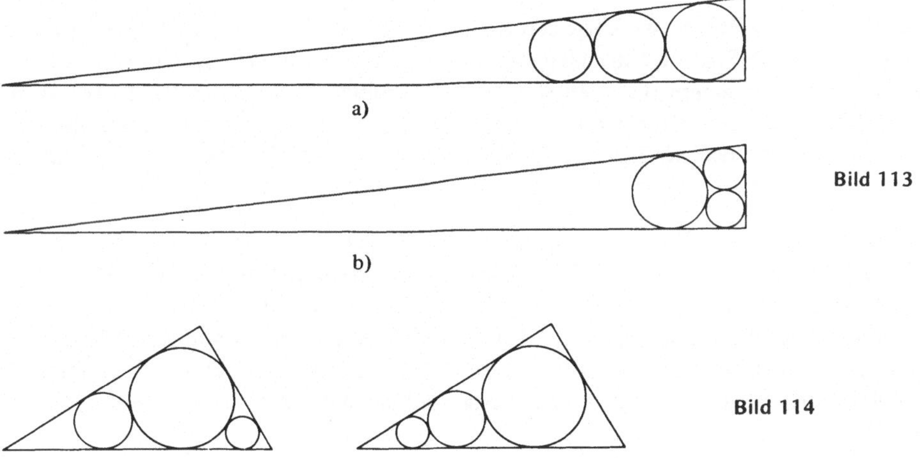

Bild 113

Bild 114

11.3. Das Kakeya-Problem

Rollt ein Kreis ohne zu gleiten auf der Innenseite eines größeren Kreises, so beschreibt ein Punkt auf dem Umfang des Rollkreises eine Kurve. Ist der Durchmesser des festen Kreises gleich dem Dreifachen des Durchmessers des Rollkreises, so entsteht eine *Hypozykloide* mit drei Spitzen (Bild 115), auch *Deltoid* genannt.

Im Jahre 1917 stellte ein japanischer Mathematiker namens *S. Kakeya* folgendes Problem: Wie groß ist die kleinste Fläche, in der eine Strecke der Länge 1 um 360° gedreht werden kann? Während der nächsten zehn Jahre wurde das Problem von vielen erstklassigen Mathematikern ohne Erfolg in Angriff genommen. Dann befaßte sich *A. S. Besicowitsch* damit, der seine unerwartete Lösung 1928 veröffentlichte.

Wird die Strecke als Durchmesser eines Kreises genommen, dann kann sie um den Mittelpunkt als Drehpunkt um 360° gedreht werden, ohne daß sie aus dem Kreis hinauskommt.

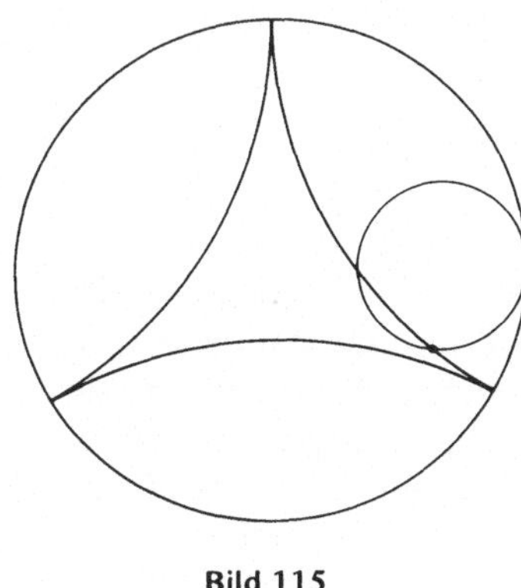

Bild 115

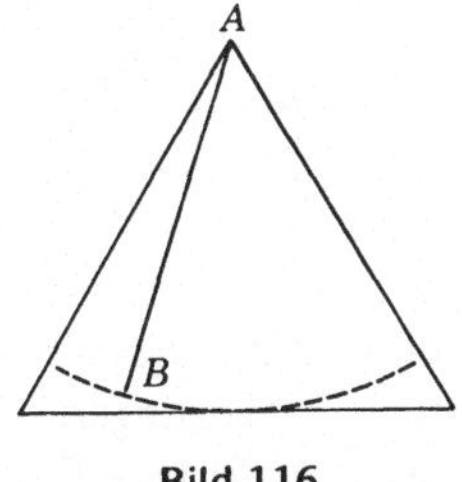

Bild 116

Der Kreis mit dem Durchmesser 1 hat den Radius $\frac{1}{2}$ und die Fläche $\pi\left(\frac{1}{2}\right)^2 = \frac{\pi}{4} = 0{,}78\ldots$. Aber das ist nicht die Figur mit der kleinsten Fläche. Die Strecke kann durch passendes Hinundherbewegen in einem gleichseitigen Dreieck herumgedreht werden (Bild 116). Wenn die Strecke das Ende des eingezeichneten Bogens erreicht, muß sie längs der Dreieckseite gleiten; dann wird die nächste Ecke als Drehpunkt benutzt. Das Dreieck hat die Fläche $\frac{1}{\sqrt{3}} = 0{,}58..$

Es geht aber noch besser. Das kleinste Deltoid, das eine ganze Umdrehung erlaubt, hat die Fläche $\frac{\pi}{8}$; das ist halb so viel wie beim Kreis. Da nun gezeigt werden kann, daß diese Hypozykloide gerade die Eigenschaft hat, daß beide Enden der Einheitsstrecke während der gesamten Umdrehung ständig auf der Kurve laufen (Bild 117), scheint das Deltoid eine sehr „ökonomische" Kurve zu sein. Während des Jahrzehnts, in dem das Problem ungelöst blieb, wurde allgemein angenommen, daß die Fläche nicht unter $\frac{\pi}{8}$ vermindert werden könne.

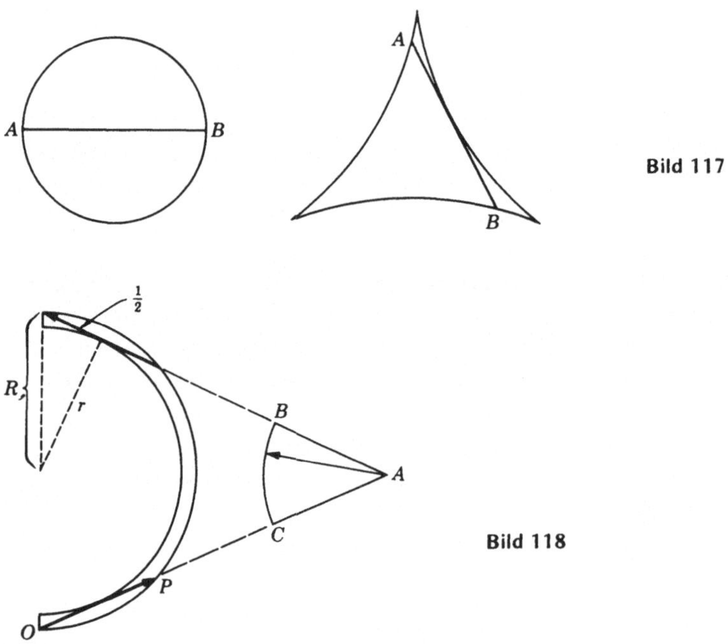

Bild 117

Bild 118

Die Einheitsstrecke kann aber auch noch auf eine andere Weise um 360° gedreht werden, wie es nämlich Bild 118 andeutet. Die Strecke (hier mit einer Pfeilspitze markiert) wird aus der Lage $\overline{OP}$ in einem Halbreisring so weit wie möglich herumgeführt. Dann wird sie bis zu einem Hilfssektor BAC zurückgeschoben. Bewegungen in Richtung der Strecke erfordern keinen Flächeninhalt, und verstoßen nicht gegen die Forderung, nach der die Bewegung stetig erfolgen soll. (Solche Bewegungen sind für den endgültigen Besikowitsch-Beweis wesentlich.) Aus der Lage $\overline{AB}$ wird die Einheitsstrecke durch Drehung in die Lage

$\overline{AC}$ und dann entlang einer geraden Linie in die Ausgangslage zurückgebracht. Nun ist um 180° gedreht worden, und eine zweite Tour vervollständigt die 360°-Drehung.

Die Fläche A des Halbringes in Bild 118 ist leicht zu berechnen. Sie ist gleich der Differenz zwischen den Flächen der Halbkreise

$$A = \frac{\pi R^2}{2} - \frac{\pi r^2}{2} = \frac{\pi}{2}(R^2 - r^2)$$

Aus dem rechtwinkligen Dreieck oben in der Figur folgt $R^2 = r^2 + \left(\frac{1}{2}\right)^2$. Daher ist

$$A = \frac{\pi}{2}\left[r^2 + \left(\frac{1}{2}\right)^2 - r^2\right] = \frac{\pi}{8}$$

eine Konstante, gleichgültig, wie groß R und r werden, vorausgesetzt, daß sie die Einheitsstrecke gerade einpassen können. Lassen wir die Radien unter diesem Vorbehalt wachsen, dann wandert der Punkt A weit nach rechts und der Winkel BAC nimmt ab. Die Fläche des Sektors BAC kann also beliebig klein gemacht werden. Indem wir genügend große R und r nehmen, können wir die Einheitsstrecke um 360° drehen unter Verwendung einer Fläche, die nur sehr wenig größer als $\frac{\pi}{8}$ ist, und wir können dieses „sehr wenig" so klein machen, wie wir wollten.

Die beim Probieren gewonnene Einsicht hat schon oft als Leitgedanken für einen Beweis gedient. Wenn verschiedene Methoden zum selben Ergebnis zu führen scheinen, ist unsere Zuversicht gestärkt, daß wir auf dem rechten Wege sind. Aber diesmal sind wir genarrt worden: Zwei verschiedene Methoden liefern die gleiche falsche Antwort $\frac{\pi}{8}$.

Besikowitsch bewies, daß es *keine* kleinste Fläche gibt, daß die Fläche, in der sich die Einheitsstrecke um 360° drehen kann, beliebig klein gemacht werden kann. Eine Strecke von 1 dm Länge kann auf einer Fläche um 360° gedreht werden, die kleiner als ein Tausendstel eines dm^2 ist, oder kleiner als ein Millionstel oder noch kleiner als jede noch so kleine Fläche, die einem gerade einfällt.

Der Beweis, obgleich lang, enthält nur elementare Mathematik. *Besikowitsch* hat eine verständliche Darstellung desselben für die MAA (Mathematical Association of America) gegeben (siehe Anmerkung). Wir deuten nur die allgemeine Idee des Beweises an.

Die Strecke muß eine große Anzahl von Bewegungen ausführen, nämlich Verschiebungen und Drehungen. Wir haben bereits angedeutet (Bild 118), wie eine Verschiebung ausgeführt wird, zu der man nur eine verhältnismäßig kleine Fläche benötigt. Die Strecke soll aus der Lage a in eine dazu parallele Lage b verschoben (Bild 119) werden. Dazu genügen zwei Drehungen um den Winkel φ, und φ kann so klein wie man will gemacht werden, indem man die Strecke in einer genügend großen Entfernung parallel verschiebt. Auf diese Weise wird nur die kleine getönte Fläche als die benötigte Fläche gezählt.

Nehmen wir nun an, daß wir die Strecke um einen speziellen Winkel, z. B. 30°, zu drehen wünschen. Ein Verfahren würde darin bestehen, die Strecke in einer Dreiecksfläche wie in Bild 120a von x über y nach z zu drehen. Wird das Dreieck entlang der Geraden y halbiert und werden die beiden Hälften so gesetzt, daß sie sich wie in Bild 120b überlappen, so kann die Strecke in einer Fläche um 30° gedreht werden, die kleiner als vorher und fast

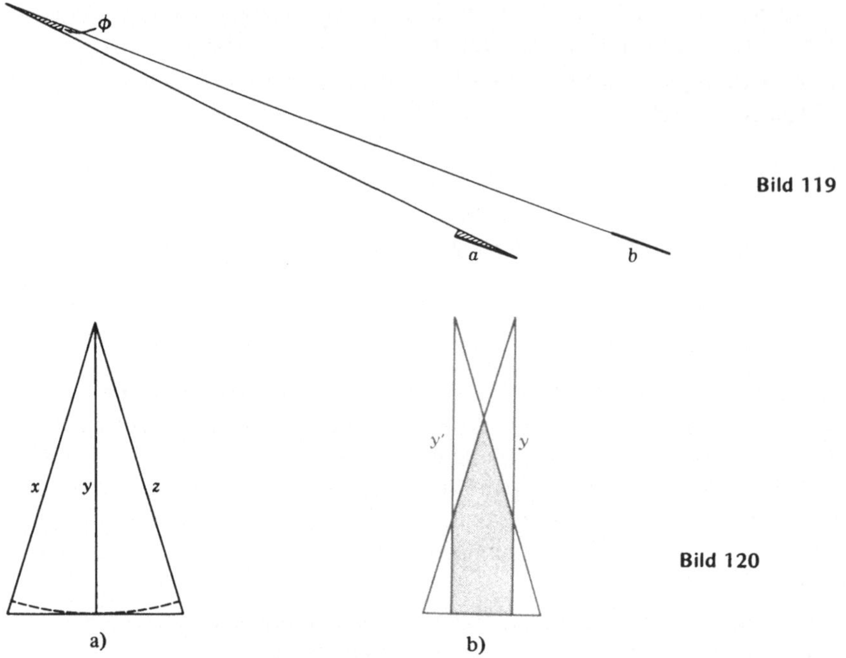

Bild 119

Bild 120

gleich der getönten Fläche ist. Wenn die Strecke y erreicht, wird sie durch eine Verschiebung nach y' gebracht (Bild 119), die nur eine kleine Fläche braucht, die kleiner als die graue Fläche des Bildes 120b ist. Dadurch ist eine beträchtliche Verminderung erreicht. Durch eine geistreiche Folge von Wiederholungen dieser Idee war *Besikowitsch* imstande, zu zeigen, wie man mit einer noch so kleinen vorher angebbaren Fläche auskommt.

Es bleiben noch manche Aspekte des Problems ungelöst. Gibt es ein *kleinstes einfach zusammenhängendes* Gebiet, in dem die Drehung vollzogen werden kann? Die Besikowitsch-Lösung verwendet einen vielfach verbundenen Bereich. Ein einfach zusammenhängender Bereich hat eine kontinuierliche Grenze, die sich nicht selbst überschneidet; das Deltoid ist ein solcher, aber nicht der kleinste. Die Strecke kann in einem fünfzackigen gekrümmten Stern umgedreht werden, dessen Fläche ungefähr $\frac{3}{4}$ von $\frac{\pi}{8}$ ist. Dies wird durch geeignetes Hinundherbewegen in der in Bild 121 gezeichneten Fläche erreicht.

Nachdem wir so gute Ergebnisse mit fünf Punkten haben, warum soll man es nicht mit 7, 9, 11, ... versuchen? Vielleicht geht die Grenze bei einer solchen Folge gegen null. Unglücklicherweise scheint sie nicht null zu sein. Was ist sie denn? Und nimmt die Fläche ständig ab, oder gibt es eine optimale Anzahl von Sternecken? Das heißt, gibt es eine besondere Zahl N, so daß ein Stern von N Punkten weniger Fläche als jeder andere Stern hat, in dem eine Strecke ganz herumgedreht werden kann? Wenn dies so ist, bestimmen Sie N! Liefern Sterne dieser Form die letzte Antwort, oder müssen wir unter anderen Formen nach dem kleinsten einfach zusammenhängenden Bereich suchen? Diese Fragen sind noch nicht beantwortet.

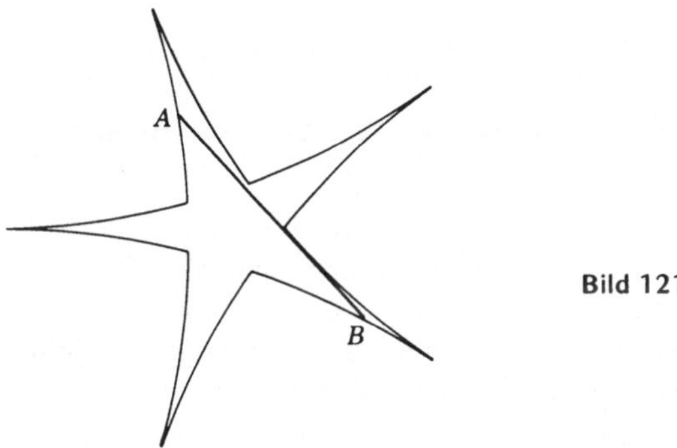

Bild 121

Die Geometer von heute sind mit einem Berg von Problemen beschäftigt, einige von ganz anderer Art als die, die wir in diesem Kapitel erwähnen konnten. Zusätzlich zu dieser Beschäftigung mit der eigentlichen Geometrie kommt die Arbeit bei der Betrachtung der verschiedenen Räume (Riemann-Raum, Faserraum, Grassmann-Raum und andere Räume), die geometrischen Anliegen der Topologie und ein weites Feld der verschiedensten damit verbundenen Themen. Ich hoffe, daß das Interesse des Leser geweckt worden ist. Die Reihe hat buchstäblich kein Ende.

Anmerkungen

Die Zahlenangaben beziehen sich auf den betreffenden Abschnitt.

1.1. *Satz 1:* In einem Kreis ist ein Randwinkel halb so groß wie der Mittelpunktswinkel über dem gleichen Bogen.

Wir gehen von der Lage in Bild 122 aus, in der ein Schenkel des Winkels ein Durchmesser ist. Winkel 1 mit dem Scheitel O wird durch den Bogen AB gemessen: Je größer der Winkel, umso größer ist der Bogen, und zwar im selben Verhältnis. Das Dreieck COA ist gleichschenklig und daher ist der Außenwinkel ∡ 1 gleich der Summe ∡ 2 + ∡ 3 der nichtanliegenden Innenwinkel und daher gleich dem Doppelten von ∡ 2. Also wird ∡ 2 durch die Hälfte des Bogens AB gemessen. Nun können wir entsprechend für ∡ 4 schließen. Daher wird der beliebige Winkel ∡ 2 + ∡ 4 durch die Hälfte des Bogens ABD gemessen.

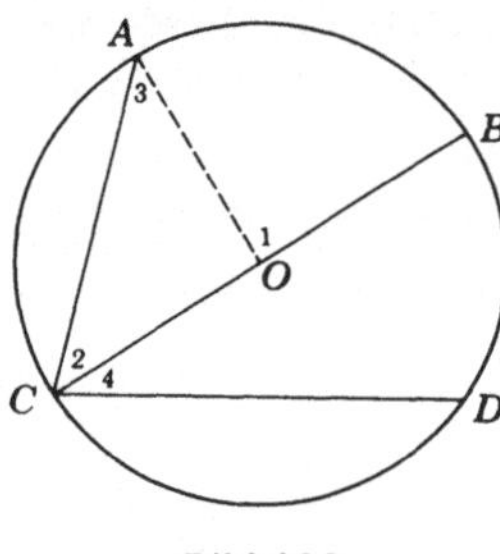

Bild 122

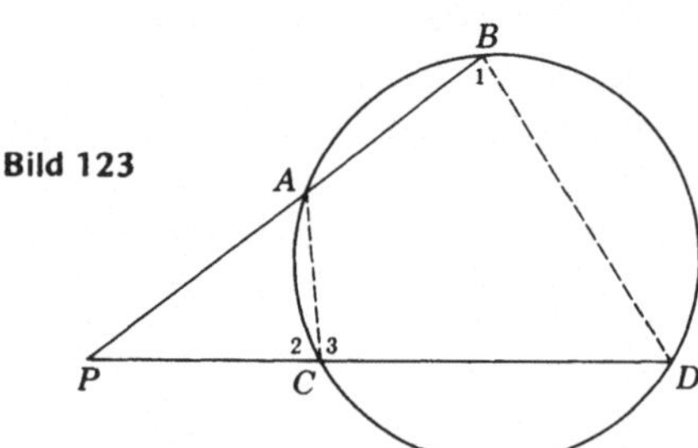

Bild 123

1.2. Bild 123 ist das mit Konstruktionslinien versehene Bild 3b. Die Randwinkel ∡ 1 und ∡ 3 liegen über entgegengesetzten Kreisbögen, die zusammen den Vollkreis ergeben. Daher ist ∡ 1 + ∡ 3 = 180°. Außerdem ist ∡ 2 + ∡ 3 = 180°. Daraus folgt ∡ 1 = ∡ 2. Da die Dreiecke PCA und PBD ferner den Winkel bei P gemeinsam haben, sind sie ähnlich. Daher folgt

$$\frac{\overline{PA}}{\overline{PC}} = \frac{\overline{PD}}{\overline{PB}} \quad \text{oder} \quad \overline{PA} \cdot \overline{PB} = \overline{PC} \cdot \overline{PD}.$$

In Bild 124 werden ∡ 1 und ∡ 2 durch die Hälfte des Bogen AC gemessen, sind also gleich, ferner ist der Winkel bei P wieder den beiden Dreiecken PAC und PDA gemeinsam, so daß diese ähnlich sind. Daher gilt wiederum

$$\frac{\overline{PC}}{\overline{PA}} = \frac{\overline{PA}}{\overline{PD}} \quad \text{oder} \quad \overline{PA}^2 = \overline{PC} \cdot \overline{PD}.$$

2.2. (Warum?) Zwei rechtwinklige Dreiecke, die in einer Seite und einem entsprechenden Winkel übereinstimmen, sind kongruent.

3.1. Die Stärke der Idee des logarithmischen Rechnens tritt vielleicht deutlicher an Beispielen des Wurzelziehens hervor. Um die fünfte Wurzel aus einer Zahl zu finden, schlägt man den zugehörigen Logarithmus nach, dividiert diesen durch 5 und sucht dann den dazugehörigen Numerus auf.

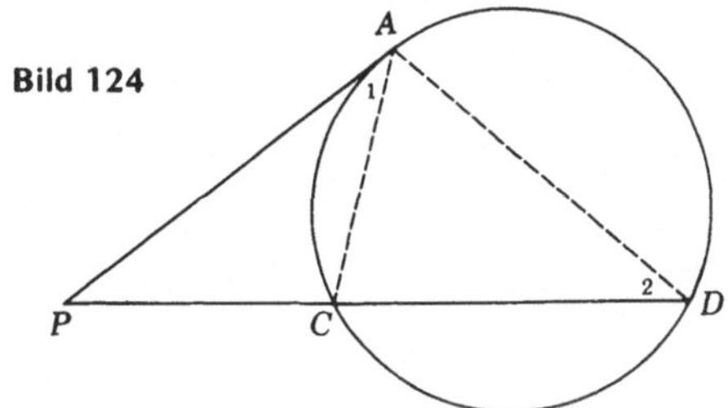

Bild 124

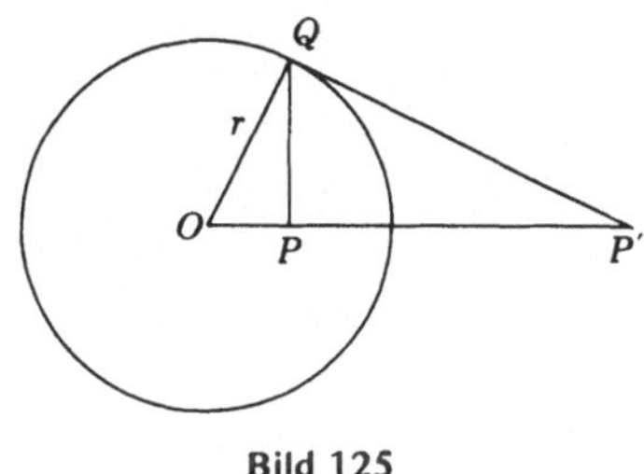

Bild 125

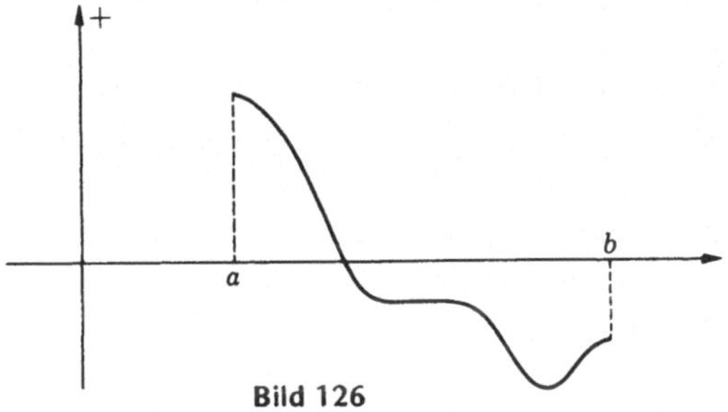

Bild 126

3.2. (Das mag der Leser bestätigen.) P und P′ sind in bezug auf einen Kreis inverse Punkte, wenn sie einen Durchmesser harmonisch teilen.

3.2. *Beweis* (IIc). In Bild 125 ist $\triangle$OPQ ähnlich zu $\triangle$OQP′. Daraus folgt

$$\frac{\overline{OP}}{r} = \frac{r}{\overline{OP'}} \quad \text{oder} \quad \overline{OP} \cdot \overline{OP'} = r^2.$$

3.3. Der „triviale“ aber weitreichende Satz geht auf *Bolzano* zurück: Ändert sich eine Funktion (Variable) zwischen einem positiven Wert bei a und einem negativen Wert bei b stetig, so muß sie irgendwo zwischen a und b den Wert null annehmen. Bild 126 zeigt eine Funktion f(x), die bei a positiv und bei b negativ ist, und es kann gar nicht anders sein, als daß sie bei stetigem Verlauf zwischendurch die x-Achse kreuzen muß. Damit nicht einem erschreckten Mathematiker Zweifel auftauchen, beeile ich mich hinzuzufügen, daß dies kein Beweis, nicht einmal eine genaue Fassung des Satzes von Bolzano ist; aber für unsere Zwecke reicht es aus.

Offensichtlich, nicht wahr? Aber trivial? Nein. Man beachte, was der Satz für uns leistet. Denke an einen Pfeil (Vektor), der vom vorherigen Teil der Schnur in Bild 127, wenn sie gesteckt ist, zu demselben Teil der Schnur geht, wenn sie um das Paket geschnürt wird. Betrachte die Projektion des Vektors auf die Papierebene, weil wir uns nicht um Komponenten senkrecht zur Papierebene kümmern. Es sei θ der Winkel zwischen der Projektion und der Vertikalen, positiv gemessen rechts von der Vertikalrichtung, negativ links davon. Der Richtung senkrecht nach unten entspricht der Winkel 0°. Bewegt sich nun der Schwanz des Vektors stetig entlang der gestreckten Schnur von A nach B, so wandert seine Spitze stetig um das Paket herum, wobei sie immer zu dem Punkt zeigt, der von der Stelle kommt,

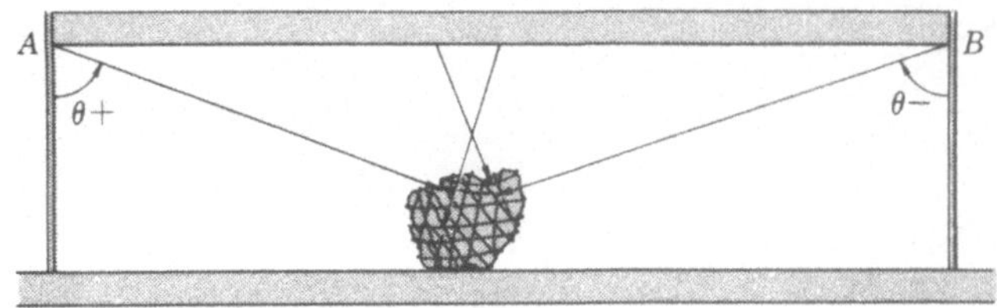

Bild 127

an dem sich der Schwanz gerade befindet. Aus der Stetigkeit folgt, daß auch θ eine stetige Funktion ist. Sie beginnt mit einem positiven Wert und endet mit einem negativen Wert und muß daher auf dem Wege mindestens einmal, vielleicht aber auch mehrmals, den Wert null annehmen. Dann aber haben die Spitze und der Schwanz des Vektors die gleich Entfernung von der Wand A.

3.3. Hier folgt ein indirekter Beweis, daß der Mittelpunkt eines Kreises durch Inversion nicht in den Mittelpunkt des Bildkreises abgebildet wird: Die Mittelpunkte bleiben nicht erhalten. (Wir haben einen besseren Beweis in Reserve.)

In Bild 25 sei $\overline{OP} = p$, $\overline{OQ} = q$ usw. Der Mittelpunkt des Kreises PQR liegt auf dem halben Wege von P nach Q, d. h. seine Entfernung von O ist $\frac{1}{2}(p+q)$. Würden die Mittelpunkte erhalten bleiben, so müßte gelten

$$\frac{p+q}{2} \cdot \frac{p'+q'}{2} = r^2$$

oder

$$\frac{p+q}{2} \cdot \frac{\frac{r^2}{p} + \frac{r^2}{q}}{2} = r^2;$$

$$(p + q)\left(\frac{1}{p} + \frac{1}{q}\right) = 4;$$

$$(p+q)^2 = 4pq;$$

$$(p-q)^2 = 0.$$

Aus der letzten Gleichung $(p-q)^2 = 0$ folgt aber $p = q$. Aus der Annahme, daß Mittelpunkte von Kreisen erhalten bleiben, würde folgen, daß solch ein Kreis den Durchmesser null haben, also ein Punkt sein müßte.

Wie ist es nun, wenn der betreffende Kreis orthogonal zum Inversionskreis ist? Dann ist der Kreis in einem gewissen Sinne invariant: Er wird in denselben Kreis abgebildet, obwohl jeder einzelne Punkt in einen anderen übergeht. Aber selbst da ist der Mittelpunkt nicht invariant. Ein Blick auf Bild 21 zeigt, daß der Mittelpunkt des Kreises β stets außerhalb des Inversionskreises liegt, und daher wird sein Bildpunkt ein Punkt innerhalb des Inversionskreises sein.

3.3. Diejenigen, die etwas mit der Differentialrechnung vertraut sind, werden vielleicht gerne einen kurzen analytischen Beweis des Satzes 11 sehen mögen.

Führt die Transformation $P(r, \theta)$ in $P'(\varphi, \theta')$ über, dann ist $\varphi = \frac{1}{r}$ und $\theta' = \theta$.

$$\frac{d\varphi}{dr} = -\frac{1}{r^2}$$

$$\tan\psi' = \varphi\frac{d\theta}{d\varphi} = \varphi\frac{d\theta}{dr}\cdot\frac{dr}{d\varphi} = \frac{1}{r}\frac{d\theta}{dr}(-r^2) = -r\frac{d\theta}{dr} = -\tan\psi$$

4.1. Um das Durchmesser-Problem zu lösen, wird man versucht sein, die Geraden $\overline{AFB}$, $\overline{BDC}$ und $\overline{CEA}$ zu ziehen und zu erklären, daß das Problem nun gelöst ist, weil die Höhe durch einen Punkt gehen. Aber so weit dürfen wir nicht gehen. Warum eigentlich nicht? Die Frage ist, ob diese drei Punktescharen, z. B. $\overline{AFB}$, wirklich kollinear sind. Wir können $\overline{AF}$ und $\overline{FB}$ ziehen, aber wir können nicht $\overline{AFB}$ als eine Gerade ziehen, ohne vorher diese Frage geklärt zu haben.

$\overline{AO}$ sei als Durchmesser gegeben, so daß ∡ AFO ein rechter Winkel ist (als einem Halbkreis einbeschrieben). Das Gleiche gilt für ∡ OFB. Daher bilden $\overline{AF}$ und $\overline{FB}$ in der Tat Teile ein und derselben Geraden. Aber diese Überlegung kann nicht auf $\overline{AEC}$ und $\overline{BDE}$ angewendet werden, weil wir nicht wissen, ob $\overline{OC}$ ein Durchmesser ist. Das ist genau das, was wir zu beweisen haben. Ziehe $\overline{AE}$ und verlängere, bis der dritte Kreis, sagen wir in X, geschnitten wird. Nun ist ∡ OEA ein rechter Winkel und daher auch ∡ OEX. Folglich ist $\overline{OX}$ ein Durchmesser. Mache dasselbe mit $\overline{BD}$, wobei Y der Schnitt mit dem dritten Kreis sein möge. Es gibt aber nur einen einzigen Durchmesser durch den Punkt O, und daher müssen X und Y übereinstimmen. Nennen wir nun diesen Punkt C, in dem X und Y zuzusammenfallen, so sehen wir, daß $\overline{OC}$ ein Durchmesser ist.

Ist damit das Problem erledigt? Warum nicht? Weil wir noch nicht wissen, ob $\overline{FO}$ und $\overline{OC}$ Teile derselben Geraden sind. Unterdessen haben wir genug vorgearbeitet. ABC ist als ein Dreieck bekannt, in dem $\overline{BE}$ und $\overline{CF}$ zwei Höhen sind, die sich in O schneiden. Nun ist $\overline{OC}$ Teil der dritten Höhe, weil sie durch O geht, und $\overline{OF}$ ist Teil derselben Höhe, weil ∡ AFO ein rechter Winkel ist. Daher sind O, F und C kollinear, und damit ist der Satz bewiesen.

Es erscheint bemerkenswert, daß ein kürzlich erschienenes, im übrigen ausgezeichnetes Buch bei diesem Problem einen ziemlich schweren Fehler enthält. Die Moral von der Geschichte ist vielleicht, daß auch die besten Mathematiker manchmal Fehler machen. Der Autor beginnt im wesentlichen mit unserem Bild 32, das er durch Inversion in Bild 31 überführt, und schließt dann folgendermaßen: Aus der Orthogonalität bei A′, B′ und C′ folgt, daß auch eine Orthogonalität bei A, B und C besteht. Daher erhalten wir den Satz, daß die gemeinsame Sekante jedes Paares von drei Kreisen ein Durchmesser des dritten Kreises ist, wenn die drei Kreise einen gemeinsamen Punkt besitzen. Ein derartiger Satz ist ganz offensichtlich falsch, wie es Bild 128 zeigt, bei dem keine der gemeinsamen Sekanten (bzw. Sehnen) irgendwie in der Nähe des Mittelpunktes des dritten Kreises vorbeigeht. Wo machte der Autor einen Fehler?

4.3. Ein anderweitiges vereinfachendes Verfahren besteht darin, alle drei Radien gleichmäßig so schrumpfen zu lassen, bis einer der drei gegebenen Kreise ein Punkt wird, und dann die Inversion in bezug auf diesen Punkt als Zentrum auszuführen.

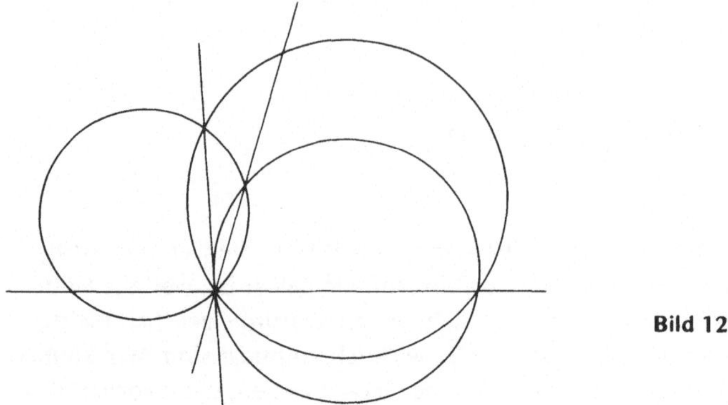

Bild 128

4.3. (Warum?) A und B schneiden sich nur in O. Daher treffen sich ihre Bilder A′ und B′ im Unendlichen, d. h. sie liegen parallel.

4.3. Was bedeutet dabei der zweite Schnittpunkt? Y würde eine andere Lösung liefern. In dieser besonderen Zeichnung würde D′ wegen der Orientierung alle drei Kreise A′, B′ und C′ innerhalb des Inversionskreises berühren. Daher würde D jeden der Kreise A, B und C außerhalb des Inversionskreises berühren und würde die Lösung ergeben, die alle drei Kreise umgibt.

4.4. (nach Bild 21) Jeder Kreis mit dem Mittelpunkt auf der Potenzlinie der α-Kreise, der zu einem α-Kreis orthogonal liegt, ist automatisch zu allen von ihnen orthogonal (Bild 15).

4.4. *Jakob Steiner,* 1796–1867.

4.5. Es ist eine saloppe Mathematik, über gebrochene Teile eines Kreises zu sprechen, ohne zu definieren, was damit gemeint ist, aber die Idee ist klar. Sauber dargestellte analytische Gleichungen, aus denen sich alle Bedingungen für das Schließen der Steiner-Kette nach 1 bis n Umläufen ergibt, finden sich in *H. S. M. Coxeter* und *S. L. Greizter,* Geometry Revisited, Rondom House & L. W. Singer, 1967.

5.1. Antwort auf die Frage: Indem man $d_2 - d_1$ gleich derselben Konstanten setzt.

5.2. Mit dem Satz 14 ist gemeint: Gleichgültig, welche der unendlich vielen möglichen Steiner-Ketten zu zwei gegebenen Basis-Kreisen angenommen wird, so werden die Kreise dieser Kette ihre Mittelpunkte auf derselben Ellipse haben.

Wir haben nun einen eleganten Beweis dafür, daß Kreismittelpunkte als solche bei der Inversion nicht erhalten bleiben. Träfe dies nämlich zu, so würde der Kreis, auf dem alle Mittelpunkte der beweglichen Kreise in Bild 45 liegen, in eine Ellipse übergehen, auf der nachher die Mittelpunkte liegen. Das aber ist unmöglich, da ein Kreis durch Inversion niemals in eine Ellipse übergeht.

5.2. Haben die festen Kreise im verallgemeinerten Satz 14 gleiche Radien, so geht die letzte Gleichung des Beweises in $\overline{PO_2} = \overline{PO_1}$ über. Alle derartigen Punkte P liegen auf der Mittelsenkrechten der Strecke $\overline{O_1O_2}$. Eine Gerade ist ein „degenerierter" Kegelschnitt.

5.2. Gibt es einen auch den Fall einer Parabel? Ja, wenn einer der beiden festen Kreise eine Gerade (Kreis mit unendlich großem Radius) ist.

5.3. Unser gewöhnlicher Raum, in dem wir (glauben zu) leben, hat drei Dimensionen, er ist dreidimensional.

5.3. Soddys Sechskugelfigur: Nature Vol. 139 (1937), *Soddy* S. 77, 154, 252; *Frank Morley* S. 72; *Thorold Gosset* S. 251.

5.3. Daß man sechs Groschen eng aneinander um einen siebenten herumlegen kann, ist eine Folge der Tatsache, daß sechs gleichseitige Dreiecke derselben Größe ein regelmäßiges Sechseck bilden. Alle sieben Kreise haben Radien, die gleich der halben Dreieckseite sind; sechs von ihnen haben ihre Mittelpunkte in den Ecken, der siebente hat ihn im Mittelpunkt des Sechsecks.

5.4. Der Beweis mit Hilfe des Rotationshyperboloids geht auf eine Idee von *J. H. Cadwell* vom British Royal Aircraft Establishment aus dem Jahre 1968 zurück und wurde mir brieflich mitgeteilt. Er ist hier mit seiner freundlichen Erlaubnis veröffentlicht worden.
Die letzte Aussage des Beweises, daß der ebene Schnitt eines Rotationshyperboloids ein Kegelschnitt ist, gehört zur üblichen analytischen Geometrie. Denn die Gleichung einer solchen Fläche ist von zweitem Grade und die der Ebene linear. Eliminieren wir eine Variable aus diesen beiden Gleichungen, so entsteht eine quadratische Gleichung in zwei Variablen. Diese stellt einen senkrechten Zylinder dar, dessen Grundfläche ein Kegelschnitt ist. Die Parallelprojektion eines Kegelschnittes auf eine andere Ebene ist wiederum ein Kegelschnitt.

6.1. (Wie würde er dann weitergehen?) Nach einer zweiten Spiegelung geht er zum ersten Brennpunkt zurück – usw. Er nähert sich schnell einem Hinundherweg entlag der großen Achse der Ellipse. Siehe *Hugo Steinhaus*, Mathematical snapshots, Oxford Univ. Press, New York 1969, S. 239; –, Kaleidoskop der Mathematik, VEB Deutscher Verlag der Wissenschaften, Berlin 1959.

6.3. (Warum?) $\overline{Q_1Q_2}$ wird stets entlang einer Mantellinie des Kegels, d. h. einer Geraden durch die Kegelspitze, gemessen. Aber irgend zwei ebene Schnitte, die den Kegel in zwei Kreisen C_1 und C_2 schneiden, liegen senkrecht zur Kegelachse und schneiden daher auf allen Mantellinien gleiche Strecken ab.

6.3. Betrachte den Kegel der Lichtstrahlen, die gerade einen Ball auf einer Ebene streifen. Dann ist die Kugel die kleinere Dandelin-Kugel, die den elliptischen Schatten in einem Brennpunkt berührt.

6.3. Der Dandelin-Beweis für die Parabel findet sich in 6.5. *Ogilvy,* A Calculus Notebook, Prindle, Weber & Schmidt, Boston 1968, S. 11. Der Beweis für die Hyperbel steht auch in *Hilbert / Cohn-Vossen,* Anschauliche Geometrie, Chelsea, New York 1952. Die Beweise sind auch in Geometrie-Lehrbücher der Oberstufe der Höheren Schule anzutreffen, z. B. in *Reidt-Wolff-Athen,* Elemente der Mathematik, Bd. 4, S. 239–241; 1967.

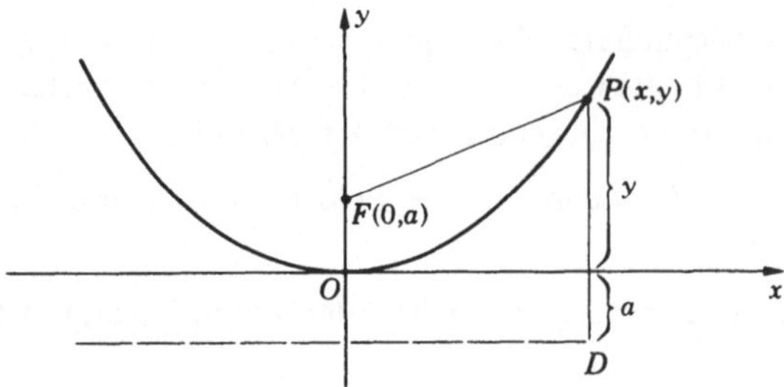

Bild 129

6.3. Es sei (O, a) der Brennpunktder Parabel und $y = -a$ die Leitlinie (Bild 129). Dann ist nach der Definition $\overline{PF} = \overline{PD}$. Die Entfernung der beiden Punkte P(x, y) und F(O, a) beträgt nach dem Satz des Pythagoras $\overline{PF} = \sqrt{(x-0)^2 + (y-a)^2}$. Andererseits ist nach Bild 129 $\overline{PD} = y + a$. Quadrieren und Gleichsetzen ergibt

$$(x-0)^2 + (y-a)^2 = (y+a)^2$$

$$x^2 + y^2 - 2ay + a^2 = y^2 + 2ay + a^2$$

$$x^2 = 4ay$$

4 a ist eine Konstante, die wir gleich k setzen können, um die gewünschte Gleichung zu erhalten.

6.3. Die Parabel ist der Grenzfall der Ellipse, wenn sich die Schnittebene des Bildes 59 einer Lage parallel zu einer Mantellinie des Kegels nähert. Dies kann am besten mit Hilfe der Exzentrizität der Ellipse bestätigt werden. Diese ist durch $e = \frac{c}{a}$ definiert, wobei c die Entfernung des Mittelpunktes von einem Brennpunkt und a die Entfernung des Mittelpunktes von einem Scheitel der Ellipse ist.

Nun stelle man sich vor, daß ein Brennpunkt und der entsprechende Scheitel fest bleiben, während der andere Brennpunkt und Scheitel unendlich weit wegrücken. Da auch der Mittelpunkt sich entfernt, werden c und a mehr und mehr einander gleich. In der Tat ist die (anders definierte) Exzentrizität der Parabel gleich 1.

Man wird vermuten, daß eine Ellipse mit der Exzentrizität 0,99 übertrieben dünn und lang sein wird, weil sie bei einer Exzentrizität von 1 „unendlich lang" ist. Wieder einmal falsch geraten. Die, die das „Ellipsen-Dreieck" kennen, berechnen

$$b^2 = a^2 - c^2 = 100^2 - 99^2 = (100 + 99)(100 - 99) = 199; b = 14{,}1$$

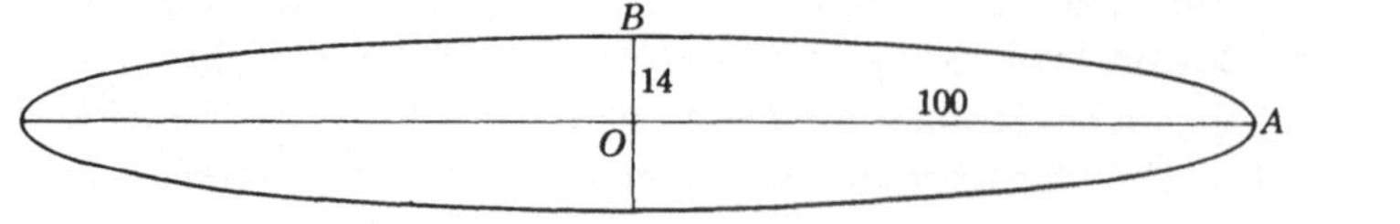

Bild 130

Die Achsen dieser Ellipse verhalten sich also wie 7 und 1 (Bild 130). Der Brennpunkt ist $\frac{99}{100}$ des Weges von O nach A entfernt, was sich beinahe unmöglich in einer Zeichnung dieser Größe eintragen läßt. In vielen Lehrbüchern findet man die Brennpunkte viel zu weit von den Scheitelpunkten weg angegeben.

Die Planetenbahnen, obgleich elliptisch, haben kleine Exzentrizitäten. Die am stärksten exzentrische Merkurbahn hat $e = \frac{1}{5}$, was einen Unterschied von etwa 2 % zwischen kleiner und großer Achse ausmacht. Eine solche Ellipse könnte selbst das schärfste Auge nicht von einem Kreis unterschieden. Die Erdbahn mit der Exzentrizität $\frac{1}{60}$ ist noch stärker als die Merkurbahn nahezu eine vollkommene Kreisbahn; die große und die kleine Achse weichen nur um $\frac{1}{8000}$ voneinander ab.

7.5. Stimmt dies wirklich? Betrachte die Menge aller Sechsecke, die sich in einen gegebenen Kegelschnitt einbeschreiben lassen. Die Klasse A enthalte alle, deren Gegenseiten parallel sind. Es gibt unendlich viele Elemente in der Klasse A und sie nehmen vielfältige Formen an; aber sie erschöpfen nicht alle Möglichkeiten. Es gibt auch unendlich viele Elemente einer Klasse B, deren Gegenseiten nicht parallel sind. Was wir gezeigt haben, ist, daß die Sechsecke der Klasse A in Figuren zum Satz des Pascal projiziert werden. Wir wissen, daß die Sechsecke der Klasse B in Sechsecke abgebildet werden, die Kegelschnitten einbeschrieben sind, aber unser „Beweis" sagt nichts darüber aus, ob sie den Pascal-Satz erfüllen, wenn sie dahin gelangen, und wir könnten sogar vermuten, daß dies ohne weitere Angaben auch nicht gehen würde.

Ist jemand nicht von der Falschheit deses „Beweises" überzeugt, so versuche er es mit Achtecken. Wenn dieser Schluß richtig wäre, dann müßte der Pascal-Satz auch für Achtecke gelten – das aber ist nicht der Fall. Die Schnittpunkte der Gegenseitenpaare von Achtecken der Klasse B sind *nicht* kollinear.

Elf andere Beweise finden sich in dem Aufsatz von *Kaidy Tan* „Various proofs of Pascal's Theorem" in Mathematics Magazine, Vol. 38 (1965), S. 22.

7.6. Streng genommen müßte man auf der rechten Seite von einem Dreiseit statt von einem Dreieck sprechen.

7.6. Die Axiome der ebenen projektiven Geometrie sind dem Buch *Howard Eves,* A survey of Geometry, Allyn and Bacon, Boston 1963, entnommen.

7.6.

Satz von Pappos	*Dualer Satz*
Liegen die Ecken eines Sechsecks abwechselnd auf zwei Geraden, so liegen die drei Schnittpunkte der Gegenseitenpaare auf einer Geraden.	Liegen die Seiten eines Sechsseits abwechselnd auf zwei Punkten, so liegen die Verbindungsgeraden der Gegenecken auf einem Punkt.
Satz von Pascal (Verallgemeinerung des Pappos-Satzes)	*Satz von Brianchon* (Verallgemeinerung des dualen Satzes zum Satz des Pappos)
Liegen die Ecken eines Sechsecks auf einem Kegelschnitt, so liegen die drei Schnittpunkte der Gegenseitenpaare auf einer Geraden.	Liegen die Seiten eines Sechsseits auf einem Kegelschnitt, so liegen die Verbindungsgeraden der Gegenecken auf einem Punkt.

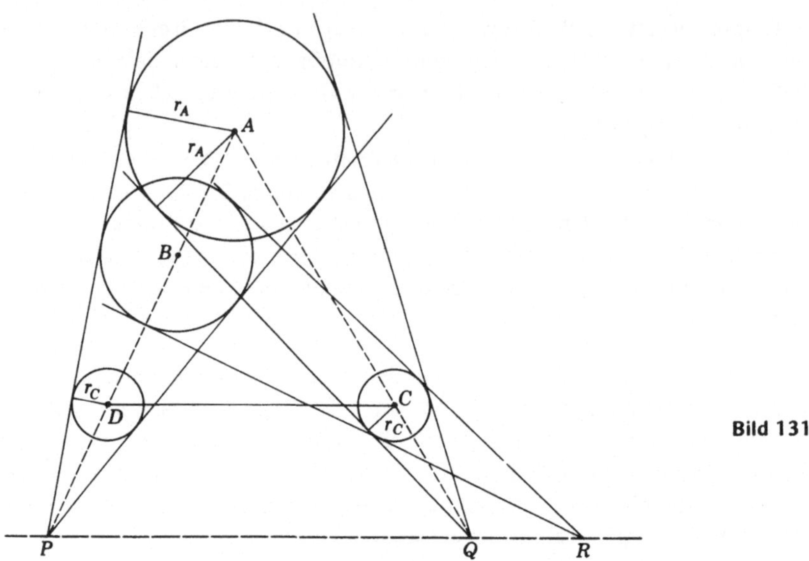

Bild 131

8.2. Das Dreikreis-Problem. In Bild 131 ist D der Kreis vom Radius r_c, der beide äußeren Tangenten von A und B berührt.

$$\frac{\overline{PD}}{\overline{PA}} = \frac{r_c}{r_a} = \frac{\overline{QC}}{\overline{QA}}$$

Also ist $\overline{DC}$ parallel zu $\overline{PQ}$. In gleicher Weise ist $\overline{DC}$ parallel zu $\overline{PR}$. Daher ist $\overline{PQ}$ ein Teil der Geraden $\overline{PR}$.

Dieser Beweis und die dreidimensionale Version wurden von *L. A. Graham* in seinem Buch Ingenious Mathematical Problems and Methods, Dover, New York 1959, angegeben. *Coxeter* beweist den Satz in stärker ausgearbeiteter Form für drei Kreise, von denen jeder ganz außerhalb der beiden anderen liegt. *H. S. M. Coxeter,* "The Problem of Apollonis", Amer. Math. Monthly, Vol. 75 (1968), S. 14.

8.3. (Warum?) Jede Mittelsenkrechte ist die Ortslinie für die Punkte, die von zwei Punkten gleich weit entfernt liegen; infolgedessen schneiden sich je zwei von ihnen in P.

8.4. *Daniel Pedoe* nennt auf Seite 1 seines Buches Circles (Pergamon, New York 1957) den Neunpunktekreis den „ersten wirklich aufregenden Kreis, der im elementaren Geometrie-Unterrricht auftritt".

8.5. Das Dreiecksproblem ist das Problem Nr. E 2124 aus der Zeitschrift Amer. Math. Monthly, Vol. 75 (1968), S. 899.

Wir zeichnen eine Figur wie in Bild 132, bei einer anderen Figur bleibt der Beweis erhalten, nur die Bezeichnungen ändern sich vielleicht. Wir werden zeigen, daß $\overline{AP} = \overline{AQ}$ ist, weil sie entsprechende Stücke in kongruenten Dreiecken sind; ferner, daß dann $\gamma = 90°$, weil $\alpha + \beta = 90°$ und die drei inneren Winkel des Dreiecks zusammen 180° sein müssen.

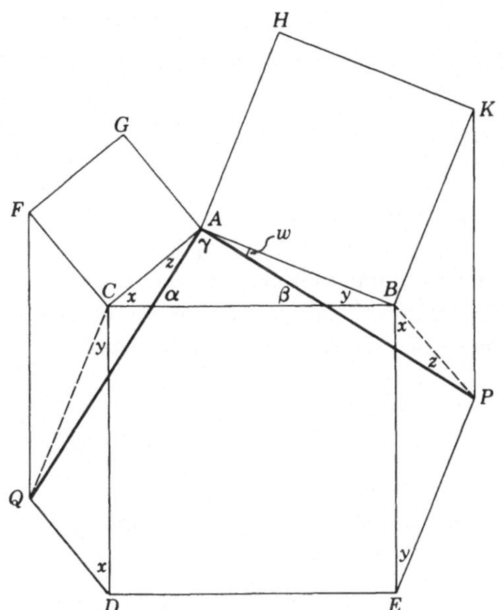

Bild 132

Beachte zunächst $\overline{DC} = \overline{CB}$ und $\overline{DQ} = \overline{CF} = \overline{CA}$. Ferner ist ∢ x bei D gleich ∢ x bei C: Die beiden Schenkel des einen Winkels sind senkrecht zu den beiden Schenkeln des anderen. Daher ist △DQC kongruent △CAB (Seite-Winkel-Seite). In der gleichen Weise ist △BPE kongruent zu △CAB. Daher erhalten wir für die entsprechenden Seiten $\overline{QC} = \overline{AB}$ und $\overline{BP} = \overline{CA}$. Es ist aber ∢ ACQ = x + 90° + y = ∢ PBA. Es sind also auch die Dreiecke ACQ und ABP nach Seite-Winkel-Seite kongruent. Schließlich folgt $\overline{AP} = \overline{AQ}$. Als nächstes ist der Außenwinkel α gleich der Summe der nichtanliegenden Innenwinkel x + z. Entsprechend $\beta = w + y$. Addieren ergibt $\alpha + \beta = x + z + w + y$. Im Dreieck ABP sind die Innenwinkel zusammen gleich 180°:

$$x + z + w + y + 90° = 180°$$

oder

$$x + z + w + y = 90°.$$

Nach dem Einsetzen erhält man $\alpha + \beta = 90°$, d. h. $\gamma = 90°$.

8.5. Weiter Lektüre: *H. S. M. Coxeter,* Introduction to Geometry, John Wiley, New York 1961; *Howard Eves,* A Survey of Geometry, Allyn & Bacon, Boston 1963, Vol. I; *N. A. Court,* College Geometry, Barnes & Noble, New York 1952.

10.1. π zu finden ist gleichbedeutend mit $\sqrt{\pi}$ zu finden, da Quadratwurzeln konstruierbar sind.

10.1. Eine ausgezeichnete Darstellung des Gegenstandes ist bei *R. Courant / H. Robbins,* Was ist Mathematik? Springer-Verlag, Berlin 1962, nachzulesen.

10.1. Ein etwas vereinfachte, aber immer noch recht schwere Darstellung des Lindemannschen Beweises von 1882 hat *Felix Klein* gegeben. Als englische Ausgabe in *Felix Klein* Famous Problems, Chelsea, New York 1955).

10.1. Verdopplung des Würfels. Das geht etwas zu schnell hier. Es ist notwendig, zu zeigen, daß die kubische Gleichung $x^3 - 2 = 0$ irreduzibel ist.

10.1. Der Beweis von *Gauß* erschien 1801 in seinen Disquisitiones Arithmeticae, die erst kürzlich ins Englische übertragen wurden (Yale Univ. Press 1966). Der umgekehrte Satz, insbesondere, daß keine anderen regelmäßigen Vielecke konstruierbar sind, war bisher ebenfalls *Gauß* zugeschrieben worden, aber *N. D. Kazarinoff* hat darauf hingewiesen, daß dieser erstmalig von *Pierre L. Wantzel* 1837 veröffentlicht wurde. Amer. Math. Monthly, Vol. 75 (1968), S. 647.

10.2. 1.

$\sphericalangle 1 = \sphericalangle 2$	Wechselwinkel an Parallelen
$\sphericalangle 2 = \sphericalangle 3$	Basiswinkel eines gleichschenkligen Dreiecks
$\sphericalangle 3 = 2 \cdot \sphericalangle 4$,	Außenwinkel gleich der Summe der nichtanliegenden Innenwinkel
$\sphericalangle 4 = \sphericalangle 5$	Stufenwinkel an Parallelen

10.2. 3. Die Dreiteilung hängt mit einer Kurve zusammen, der Konchoide von Nikomedes. *E. H. Lockwood,* A Book of Curves, Cambridge Univ. Press 1961; *H. Schmidt,* Ausgewählte Kurven, Wiesbaden 1949.

11.1. *Henri Lebesgue,* 1875/1941.

11.1. „Es ist bekannt, daß es eine Lösung gibt.“ S. 18 u. S. 100 in *Yaglom / Moltyansky,* Convex Figures, Holt, Rinehart & Winston, New York 1961. Dieses Buch enthält viele ungelöste Probleme und hunderte von zugehörigen Literaturhinweisen.

11.1. Die Bogen in Bild 109 haben alle den Radius 1 und ihre Mittelpunkte in den drei oberen Ecken des Sechsecks. Dieses Gegenbeispiel wurde von *B. Abel de Valcourt,* Univ. of Minnesota, angegeben. Die obere und die untere Grenze stammen von *J. Pal:*

$$0{,}8257\ldots = \frac{\pi}{8} + \frac{\sqrt{3}}{4}$$

und

$$0{,}8454\ldots = \frac{2}{3}(3 - \sqrt{3}).$$

Diese und andere Angaben können in "Borsuk's Problem and Related Questions" von *Branko Gruenbaum* in Covexity – Proceedings of Symposia in Pure Mathematics, Vol. 7, S. 274, (Amer. Math. Society 1963) gefunden werden.

11.1. Das kleinste Quadrat ist Teil des Problems Nr. E 1924. Lösung durch *Michael Goldberg,* Amer. Math. Monthly, Vol 75, S. 195; (1968).

11.1. Die Frage des „Kraters“ wurde von *Coxeter* auf S. 495 in Convexity (siehe oben) aufgeworfen. Siehe auch *G. C. Shephard,* A Sphere in a Crate, Journal London Mathematical Society, Vol. 40 (1965), S. 433.

11.2. Hat das gleichseitige Dreieck in Bild 112 die Höhe 3, so daß der größte einbeschriebene Kreis den Radius 1 besitzt, dann ist die Gesamtfläche der Kreise in Bild 112a 1,222 π, im Gegensatz zu 1,206 π in Bild 112b, also ein wenig meht als 1 % über der Nicht-Malfatti-Anordnung. *Goldberg* zeigt, daß die Malfatti-Lösung im Falle des gleichseitigen Dreiecks einer Lösung am nächsten kommt. *Michael Goldberg,* "On the Original Malfatti Problem", Math. Magazine, Vol. 40 (1967), S. 241.

11.2. *Howard Eves,* A Survey of Geometry, Allyn & Bacon, Boston 1965; Vol. 2, S. 245.

11.3. Ein Teil der hiesigen Beschreibung des Kakeya-Problems ist in dem Buch "A Calculus Notebook" des Autors erschienen, Prindle, Weber & Schmidt, Boston 1968.

11.3. "The Kakeya Problem" von *A. S. Besikowitsch,* Amer. Math. Monthly, Vol. 70 (1963), S. 697.

11.3. der fünfzackige Stern wurde 1952 von *R. J. Walker,* Cornell Univ., angegeben; siehe Amer. Math. Monthly, Vol. 71 (1964), S. 516. *Walker* benutzt lieber Kreise statt einer Hypozykloide, deren Fläche er näherungsmäßig berechnete.

Eine brauchbare Formel für eine Fläche zu finden, ist nicht so einfach wie es scheint, selbst wenn die Flächen geradlinig begrenzt sind. In drei Dimensionen ist die Lage noch schwieriger. So ist z. B. kein Verfahren zur Berechnung des Volumens eines allgemeinen konvexen Polyeders bekannt. Proceedings of CUPM Geometry Conference, Mathematical Association of America, Nr. 16 (1967), S. 21.

Sachwortverzeichnis

„Mathematicals" bei Vieweg

„Ein guter mathematischer Scherz ist immer besser als ein Dutzend mittelmäßiger gelehrter Abhandlungen".

Dieser Satz des englischen Mathematikers Littlewood kann als Motto für die hier angezeigten Bücher des Verlages Vieweg gelten, die alle der Unterhaltung und dem Vergnügen dienen, welches eine so strenge Wissenschaft wie die Mathematik durchaus zu bieten vermag.

Ist es möglich, einen Würfel so auszuhöhlen, daß ein größerer Würfel hindurchgeschoben werden kann? In der Tat! Theoretisch kann ein Würfel mit einer um 6 % größeren Kantenlänge durch einen gegebenen ausgehöhlten Würfel hindurchgleiten. Den Beweis dafür und viele andere nicht weniger interessante Probleme und Knobeleien finden Sie in den Vieweg – Mathematicals.

Hier tut sich eine wahre Fundgrube auf für alle Mathematiker und an mathematischen und logischen Problemen interessierte Laien. Wer auch in seinen Mußestunden nicht auf geistige Gymnastik verzichten will, sollte unbedingt zu einem dieser Bücher greifen. Die ganze Faszination, die von der Mathematik ausgeht, ist in den zum Teil sehr vergnüglichen Aufgaben und den kniffligen Spielereinen zu spüren, die fast alle dem alltäglichen Leben entstammen.

Jeder mathematisch Interessierte wird diese Bände mit großem Gewinn lesen und sicher auch bei mancher verblüffenden Lösung schmunzeln. Und sollte es mit der Lösung einmal nicht klappen, so braucht der Leser keineswegs zu verzweifeln. Zu allen Fragen werden ihm die Antworten mitgeliefert.

Mathematische Knobeleien

von Martin Gardner. Mit 128 Abb. VIII, 204 S. DIN C 5. gbd.
ISBN 3 528 08321 2

Mathematische Rätsel und Probleme

von Martin Gardner. Mit 89 Abb. VII, 158 S. DIN A 5. Pb.
ISBN 3 528 08175 9

Logik unterm Galgen

von Martin Gardner. Ein Mathematical in 20 Problemen. Mit 125 Abb. VIII, 227 S. DIN A 5. kart.
ISBN 3 528 08297 6

Mathematische Leckerbissen

von Stanley Ogilvy. Über 150 ungelöste Probleme. Mit 39 Abb. IV, 111 S. DIN A 5. Pb.
ISBN 3 528 08281 X

» vieweg